U0155340

媒体产品设计与创作实例研究

李岭涛　李皓诺　主　编
陈依然　张佳昕　徐子琪　温睿敏　副主编

中国广播影视出版社

图书在版编目（CIP）数据

媒体产品设计与创作实例研究 / 李岭涛 , 李皓诺主编 . -- 北京 : 中国广播影视出版社 , 2024.1

ISBN 978-7-5043-9160-5

Ⅰ.①媒… Ⅱ.①李… ②李… Ⅲ.①视频制作②网络营销 Ⅳ.① TN948.4 ② F713.365.2

中国国家版本馆 CIP 数据核字（2023）第 251997 号

媒体产品设计与创作实例研究

李岭涛　李皓诺　主编

责任编辑	毛冬梅
封面设计	文人雅士
责任校对	龚　晨

出版发行	中国广播影视出版社
电　　话	010-86093580　010-86093583
社　　址	北京市西城区真武庙二条 9 号
邮　　编	100045
网　　址	www.crtp.com.cn
电子邮箱	crtp8@sina.com

经　　销	全国各地新华书店
印　　刷	廊坊市海涛印刷有限公司

开　　本	710 毫米 ×1000 毫米　1/16
字　　数	273（千）字
印　　张	18
版　　次	2024 年 1 月第 1 版　2024 年 1 月第 1 次印刷

书　　号	ISBN 978-7-5043-9160-5
定　　价	82.00 元

编 委 会

节目制作宝典创作人员

案例名称	创作者
《非正式会谈》节目设计宝典（1）	徐子琪
《非正式会谈》节目制作宝典（2）	张佳昕
《奇遇人生》节目制作宝典	陈依然
《拜托了冰箱》节目制作宝典	周冰宇
《忘不了餐厅》第一季节目设计宝典	李　卿
《你好生活》节目制作宝典	张海霞
《朗读者》第二季节目制作宝典	马佩瑞
《国家宝藏》节目制作宝典	张馨月
《说唱新世代》节目制作宝典	温睿敏
《乘风破浪的姐姐》第一季节目制作宝典	张敬婕
《我家有冠军》节目制作宝典	侯美真
《这！就是灌篮》节目制作宝典	张诗语
《明星大侦探》第一季节目制作宝典	周华虎

原创节目创作手册创作人员

节目名称	创作者
无痕旅行团	张佳昕、温睿敏、张梓沫、张海霞
我的新老师（体育季）	李　卿、张诗语、张皓敏、徐子琪
Young样新农潮！	张馨月、陈依然、侯美真、杜鹏程
一起上冰雪	马佩瑞、张敬婕、周冰雨、周华虎、赵　铁

序　言

随着互联网的深入发展，在超高清、人工智能等各类新技术的快车道上，我国媒体产品正不断发生日新月异的巨大变化。媒体产品形态进化的背后映射的是整个媒体业态的巨大转变，这种转变不仅是媒体内部各方面的自我革新发展，更是媒体所处的社会环境经历的重大转型。可以说，不断变化的社会环境催生了媒体内部的变化与发展，从而推动了媒体产品的升级，使媒体产品设计与创作的过程走上了产业化、精准化与创新性的发展道路。同时，媒体产品的创新也在推动社会各因素发生转变。作为重要的传播形式，媒体产品的变化正在不断重构观众的行为习惯、意愿理念与生活方式，正在不断重构媒体及其相关产业的思维方式、组织架构甚至是发展道路。

在这样不断变化的媒体环境中，为了更好地在学院开展"媒体产品设计与创作"这门课程，我与赵琳琳、张力、黄宝书、张恒、张巍、张宇鹏、吴闻博等资深的业界专家在2020年共同创作了《媒体产品设计与创作》这本教材，通过对接一线为学生们搭建起了一座连接媒体产品的桥梁，这本教材也获得了中国高校影视学会学术成果推优教材类的三等奖。在此基础上，各位专家们还主动参与到课程的授课过程中，为学生们讲授业界最新的媒体产品知识。课程开展十分顺利，同学们在课程中也受益匪浅。本书的实例就是"媒体产品设计与创作"课程的学生创作的，所有的节目分析和节目设计都来自他们的课程作业。同学们在课程学习的基础上，根据自己对媒体产品的理解和认识，加入自己对媒体产品的热爱与想象，用年轻人独特的创新思维，最终形成了一个个充满创意和想象的媒体产品实例分析。这些实例的创作者们作为年轻的"00后"一代，一方面是各类媒体需要重点把握的受众人群，另一方面也是未来媒体不可或缺的新鲜血液和中坚力量。尽管他们在媒体产品实例的创作中想法和笔触还稍显稚嫩，他们的表达却能够体现当前受众最直接、真实的需求，他们的创意能够启发媒体产品未来设计与创作的观点和方向。

本书"节目制作宝典"部分的十三个实例来自徐子琪、张佳昕、陈依然、周冰宇、李卿、张海霞、马佩瑞、张馨月、温睿敏、张敬婕、侯美真、张诗语、周华虎十三位同学；"原创节目创作手册"部分是同学们团队合作的结果，其中张佳昕、温睿敏、张梓沫、张海霞四位同学创作了节目《无痕旅行团》，李卿、张诗语、张皓敏、徐子琪四位同学创作了节目《我的新老师（体育季）》，张馨月、陈依然、侯美真、杜鹏程四位同学创作了节目《Young样新农潮！》，马佩瑞、张敬婕、周冰雨、周华虎、赵铁五位同学创作了节目《一起上冰雪》。

本书呈现的实例分析是同学们通过学习累积出的成长与收获，各个部分都闪烁着同学们思维碰撞的火花，也沉淀着同学们的汗水与努力。将他们的作品集合整理成书，一方面是对同学们成长过程的记录，另一方面也希望能够为业界提供一些年轻人的创新思维和创意想法，为媒体未来发展点燃一枚小小的花火。

作为一本周身流淌年轻血脉的书籍，本书一定会有很多考虑不周或是亥豕鲁鱼之处，期待各位读者交流指正。

目　录

节目制作宝典

　　节目制作宝典是对当前各类媒体中已有媒体产品的研究，通过对媒体产品背景、嘉宾、内容流程、各要素设计、制作、商业化、受众等全要素的分析，将媒体产品的设计与创作具体细化为有形的、实体的、可被复制与借鉴的表达。具体的实例分析主要聚焦于电视媒体和网络媒体的各类节目，主要有生活类、文化类、脱口秀类、歌舞竞技类、体育类、推理互动类六大类型，包含《国家宝藏》《非正式会谈》《乘风破浪的姐姐》《我家有冠军》等十三个具体的案例。

　　具体案例及宝典创作者如下：

　　案例一：《非正式会谈》节目设计宝典（1）

　　　　　创作者：徐子琪

　　案例二：《非正式会谈》节目制作宝典（2）

　　　　　创作者：张佳昕

　　案例三：《奇遇人生》节目制作宝典

　　　　　创作者：陈依然

　　案例四：《拜托了冰箱》节目制作宝典

　　　　　创作者：周冰宇

　　案例五：《忘不了餐厅》第一季节目设计宝典

　　　　　创作者：李　卿

　　案例六：《你好生活》节目制作宝典

　　　　　创作者：张海霞

脱口秀类节目

案例一
《非正式会谈》产品创作与设计宝典（1）

一、节目简介

（一）节目类型

《非正式会谈》是一档大型谈话类节目，其最突出的特点在于全球文化相对论的属性。《非正式会谈》前四季由湖北卫视打造，从第五季起由哔哩哔哩（B站）和湖北卫视联合打造。节目成员主要包括11个（第6.5季为10个）来自不同国家的青年代表和1名一日代表（第6.5季为X-woman代表，即一名女性代表）、4个主席团成员（会长大左、副会长陈铭、秘书长杨迪、书记官陈超，前期有少量时间成员有所不同）及飞行嘉宾，每期围绕不同的社会热点及各国风俗等相关问题进行分享和讨论。在谈话过程中，传递出自由、平等的价值观，展现了中国包容的大国风范，企图在交流表达中破除偏见，祛魅并重塑中国青年的世界观，同时带领观众进一步了解各个国家的风土人情、文化传统、政经社科等方方面面的内容。

（二）节目概况

节目ID：《非正式会谈》第6.5季

播出时长： 124分钟

播出平台： B站，湖北卫视

播出方式： 季播（10期＋番外篇＋卧谈篇＋番外派对篇）（《非正式会谈》前两季为周播节目，后调整为季播）

（三）节目宗旨

通过记录来自各个不同国家的青年代表的会谈讨论，展现世界各国不同文化、不同文明之间的异同，进而消除误解偏见，实现求同存异，在小小的非正式会谈演播厅中，展现世界各国文明交流、融合、冲突和碰撞的广阔图景。《非正式会谈》给各国嘉宾一个文化交流的平台，在"非正式"的讨论中推进了全球化进程。

二、节目特点

（一）反差性

《非正式会谈》节目的核心特点为"非正式"与"会谈"的"反差感"。借用"会谈"这样一个正式庄重的概念作为节目的形式，实质上是用"非正式"的幽默方式和轻松娱乐的态度，在自由开放的氛围下，谈论当下的社会热点话题。在谈话讨论过程中，带有各国不同文化和文明印记的青年，通过发表各自的观点和看法，在碰撞中产生火花，在沟通交流中不断求同存异、消除误解和偏见，拓展各自的认知。

（二）趣味性

《非正式会谈》强调"非正式"的轻松感。在主席团当中，有杨迪这样负责活跃节目气氛，抛梗接梗，避免节目落于"严肃"的成员存在。来自不同国家的青年代表个性鲜明、年轻活力，在发表个人看法的过程中，一些天然的反应也成为节目增加笑料的关键因素。

（三）差异性

《非正式会谈》非常明显的特点之一就是差异性。

首先主席团内部存在明显的差异性，各个成员分工明确。会长大左负责推动节目流程，邀请各国代表发表各自的观点和看法；副会长陈铭作为大学老师，也作为著名的"高知"类型辩论选手负责在每次讨论过后，对讨论的内容进行总结升华，从而提升讨论的价值和高度；秘书长杨迪负责在节目过程当中活跃气氛，促进讨论更顺畅地进行，提高节目可看性；书记官陈超作为主席团唯一一名女性成员，负责在每期节目中提出议题，并在涉及女性的议题中提供女性视角的观点和看法。

其次代表之间存在明显的差异性。每一个代表的背后都存在着不同国家不同民族的文化基因和个人的成长经历，个性分明、百花齐放。代表当中既有来自美国、英国等发达国家的成员，也有来自缅甸、土耳其、南非等相对落后国家的代表；既有刚来中国求学的留学生，也有在中国生活工作多年的外国友人；既有外向乐观的人，也有内向敏感的人……每个人都有各自鲜明的性格特色，共同构成了整个节目丰富的底色。

显著的差异性的背后，想展现的其实是节目"和而不同"的内核。事实上，主席团和各国代表私下都是很好的朋友，即使对待具体事件的观点立场不同，但都能做到互相尊重、有话直说，这也是节目和代表们能够吸引观众的重要原因之一。

（四）启迪性

《非正式会谈》不仅有嘻嘻哈哈的幽默逗乐，也有用玩笑的语气说出的真诚的态度、想法和经历的部分。比如阿根廷代表可以坦荡地承认本国存在的经济问题，美国代表也可以玩笑地说出美国某些政策存在"霸权"性质，日本代表可以真诚地赞美他眼中的中国，澳大利亚代表也可以傲娇地表现出礼貌和素养……在"非正式"的交流中，用更多的真实、更真诚的态度去除误解和偏见，让观众了解到世界更细节、更具象的一面。

（五）偶像性

《非正式会谈》的代表们有一个统一的特性——帅。《非正式会谈》由来自不同国家的男性青年代表组成，年轻、鲜活、个性分明，从第一季开始就不断有代表"因帅出圈"。这里所说的"偶像性"并不是当下所指的含有贬义地认为空有其表的"偶像"，相反《非正式会谈》中的代表们不仅有出众的外表，更有值得关注的内在。比如英国代表欧阳森人人称道的谦逊有礼，日本代表竹内亮用纪录片镜头记录下他眼中真正的中国，澳大利亚代表贝乐泰深爱中国文化并在获得汉语桥世界大学生中文比赛总冠军同时保有平等、真诚的态度看待世界，印度和泰国代表天乐攻读医学学位同时资助多名贫困儿童……每一位代表都是"颜值"与内涵并存，是当之无愧的"优质偶像"。

三、节目内容

"一场各国青年互撕脱口秀"

"口水＋段子""颜值＋言值"

《非正式会谈》采取周播模式，每周五晚8点B站上线（大会员抢先看1天），每一期围绕一个"全球文化相对论"话题（围绕各国文化）以及一个具体"提案"（围绕具体事件）展开交流和讨论。向观众展现世界更多元具体的一面，也引导观众对当下的热点话题进行思考。

节目成员由主席团成员、各国代表、一日代表或X-woman代表以及飞行嘉宾组成。主席团成员负责推动节目流程、引导代表讨论、调动现场气氛等，各国代表、一日代表或X-woman代表以及飞行嘉宾则在规定话题内发表各自的想法及见解。在节目过程中，主席团也会组织各位代表进行一些与议题相关的小游戏，游戏奖品以"城市地铁卡"为主。

值得一提的是，《非正式会谈》每新出现一位国家的代表时，都会播放该国的宣传介绍小片，帮助观众认识了解世界上更多的国家地区。

每期节目分为上下两集，流程大致包括引入及两个具体环节。

引入：人物小片

播放主席团及各国代表的人物小片作为节目引入，主席团成员根据本期主题进行自我介绍，并介绍本期嘉宾。

环节一："全球文化相对论"

由各国代表介绍本国的相关情况和故事，并根据主题，组织嘉宾和代表共同参加一个相关的小游戏，游戏奖品为城市地铁卡。（地铁卡是《非正式会谈》的传统奖品，节目刚开始时，节目组因"穷穿地心"只能准备50元的城市地铁卡，加上当时的代表团成员大多为大学生，地铁卡具有使用价值；后来节目组虽然有了赞助商，但依然保留了地铁卡奖品的传统，并延续至今。）

环节二："提案环节"

根据来自网友的相关提案，讨论社会争议话题。由各国代表发表各自的观点，针对主题展开辩论，并组织相关的嘉宾代表互动，展现各个代表的特点。

根据近期社会热点事件设置提问，组织各国代表发言，并针对具体事例，了解各国的解决方式、法律规定、道德准则等。最后由主席团成员总结发言。

在第6.5季节目的前三期，节目组尝试了设置邀请粉丝代表到现场参与讨论、发表意见的环节，后因播出后观众反馈不佳，及时调整，撤除了该环节的设置。

四、节目看点

（一）外国人吃瓜大会和当下最受关注的热点话题

节目当中可以看到外国人分享各自有趣的小故事，分享"普通外国人"的"普通生活"，实现观众"吃瓜"的需求。与此同时，节目关注社会热点话题，通过节目传达外国人对于热点话题的想法和见解，既满足了观众对于热点话题的兴趣，也通过各国代表的发言展现出各个代表的特点和人格魅力。代表们在节目中针对热点话题的发言也切中了一部分观众的观点，能够在一定程度上引起反思和共鸣。

（二）围观一场国际辩论和趣味十足的文化碰撞

在节目的"提案环节"，各国代表针对某一具体事件或热点话题发表各自的想法和见解，在沟通与交流中产生火花与碰撞，呈现出一种"非正式"的国际辩论会图景。

在节目的"全球文化相对论"环节，各国代表以某国普通公民的具象视角，分享自己眼中所看到的本国文化，在多国文化的分享中，实现全球文化的交流碰撞。

（三）听"歪果仁"用"洋音"吵架

在该节目中，所有外国代表都用中文交流辩论，外国代表利用自己蹩脚的中文口音和不够贴切的中文用词努力地发表观点、表达看法本身，就具有幽默感和可看性。不仅如此，外国人齐聚一堂说中国话本身，就是国家实力增长和鼓励民族文化自信的一个具象的体现。

（四）来一次脑力狂奔，引发共鸣的深度讨论

在该节目当中，对于全球文化和热点话题的讨论并不仅仅停留于表面。节目在关注趣味性的同时，同样强调节目的深度。企图通过节目当中的讨论，引发观众的进一步思考。

五、节目嘉宾

（一）主席团

1. 会长："究极毒舌，接梗王中王"

大左，知名主持人。大左的主持风格幽默风趣又不失睿智，曾参加相关国际活动，并有过多国旅游经历，对各国风土人情有一定的了解，能够与外国友人友好、顺畅地交流。大左作为主席，在节目当中的主要任务在于推动节目流程、引导嘉宾发言等。

2. 副会长："新晋奇葩之王，靠嘴上热搜的男人"

陈铭，武汉大学教师，知名辩手。陈铭的发言条理清晰、说服力强，在节目当中的主要任务是总结发言、提升价值等。

3. 秘书长："娱乐圈最有趣灵魂，靠抠门上热搜的男人"

杨迪，知名主持人，具有丰富的综艺经验。杨迪的发言幽默风趣、"接梗""抛梗"能力一流，在节目当中的主要任务是调动节目氛围、调和节目"严肃性"、与嘉宾、代表互动交流等。

4. 书记官："女神书记官"

陈超，湖北卫视主持人。陈超形象及背景给人以正直可信的印象，在节目

当中的主要任务是提出提案、社会热点事件、宣传相关法律法规等。

（二）代表团（以第6.5季代表为例）

《非正式会谈》的各个代表形象鲜明、各具特色，主打"好看的皮囊＋有趣的灵魂"。该节目制片人曾说，在挑选代表时"各有特点是考虑的第一要素"。

1. 功必扬：西班牙/阿根廷代表

毕业于北京第二外国语学院，常驻《非正式会谈》多年，是代表团的队长。为人"傲娇"细腻，被称为"小公主"，辩论时"攻击力"较强。

2. OO：缅甸代表

知名贸易设计师，擅长针织类设计，是《非正式会谈》第一季的老代表，中间缺席了几季，最新一季再度回归。OO是一个说话尖锐，看似开明，实则传统的代表。

3. 萨沙：俄罗斯代表

从18岁起进入《非正式会谈》，毕业于中国人民大学，被主席大左观看《一站到底》节目时发现。是一个外形帅气，偶像包袱极重，同时典型的"大男子主义"代表。

4. 唐小强：土耳其代表

大理石商人，土耳其投资局中国国家顾问，说话幽默风趣，观点偏向于传统。

5. 阿雷：意大利代表

性格较为内向，为人柔软，用温柔的语气表达观点。

6. 欧阳森（哈里）：英国代表

6.5季新代表，毕业于牛津大学。绅士的化身，身形健硕，偏偏喜欢在不经意间"卖萌"。说话温柔得体，观点平和，用真诚的态度对待每一个人。

7. 竹内亮：日本代表

6.5季新代表，知名纪录片导演，曾拍摄《好久不见武汉》《后疫情时代》《双面奥运》等纪录片作品，一个真正深入中国的日本人，爱观察、爱思考，充满好奇心的顾家好男人。

8. 辛成乐（阿乐）：南非代表

6.5季新代表，来中国十多年的儿科医生，目前在温州医科大学任职，曾参与中国新冠疫情防控及治疗工作。正经中带点好笑，经常分享自己的从医经历和心得。

9. 顾思达：挪威代表

6.5季新代表，北京大学留学生，性格较为内向腼腆，被粉丝总结为"表面呆萌，内心狂热"的挪威树獭代表，有令人羡慕的爱情故事。

10. 小白：美国代表

6.5季新代表，性格开朗，经常在节目当中"放飞自我"，观点较为激进开放。

六、舞美设计（6.5季为例）

6.5季《非正式会谈》场景跟新，采用"蒸汽朋克"风格舞美，在演播室设计上，大体结构不变。

演播室一分为二，一侧设置为"赛博朋克"风，通过红蓝紫光配合，渲染赛博朋克的未来感气氛；另一侧设置为蒸汽朋克风，灯光以柔和的暖黄色为主，辅以少量蓝色灯光点缀，渲染蒸汽时代的复古氛围。该场景设计的寓意为"过去与未来的交汇，科技与文明的交融，新人与旧友的相聚"。

演播室中间部分摆放了一个具有未来感的方形长桌，代表和主席团围绕长桌就座。主席团背后是一个圆形的、具有未来感的大屏幕，大屏幕当中播放具有为未来感的时光穿梭的光影视觉画面（见图1）。

演播室上方及地面有大量红蓝橙聚光灯，在特定环节如节目开场时会照射演播大厅，渲染氛围。

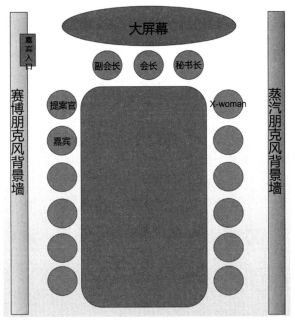

图1 演播室舞美设计简图

在舞美设计当中"蒸汽朋克"的风格与节目"非正式"相契合,方形长桌的设置又与"会谈"的形式相呼应。

整个演播厅当中共有19个机位,其中包括1个飞猫摄像机、1个游机、7个桌面机位,1个位于主席团正前方用于拍摄全景画面的机位和15个单人机位(见图2)。

1个飞猫摄像机主要用于拍摄一些高角度的、快速变化的画面。画面主要用于节目开场、结束或某个具体环节的开始时使用。

主席团正前方安排了一个用于拍摄主席团全景、两侧嘉宾全景镜头的机位。

1个移动机位主要在嘉宾和X-woman出场以及代表团离开位置玩游戏时提供几个合适的画面。

7个桌面机位主要用于拍摄代表及主席团的正面画面,并且在代表发言时提供更多角度的画面。

15个单人机位用于拍摄主席团、代表团、X-woman及飞行嘉宾的发言镜头、反应镜头等单人画面。

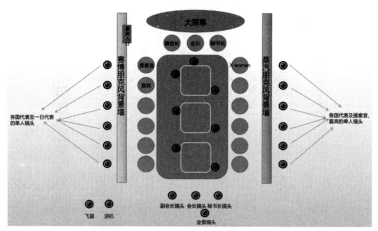

图2　机位设置

七、广告设计与投放

《非正式会谈》的广告植入大多精巧有趣，与节目融合恰当，既是广告，也是能够吸引观众的内容。因此，《非正式会谈》当中的许多广告短片，都曾获得过相关的广告奖项。

主要广告形式：除吉祥物、商品的露出和摆放等硬广外，《非正式会谈》更值得注意的是它精巧的软广部分，包括花式口播、创意中插、小剧场短剧。

（一）花式口播

"本节目是由'你一直爱，我一直在'的养乐多独家冠名播出，今天养乐多了没？"

"怕涂层容易脱落，用康巴赫蜂窝锅，本节目由高端厨具品牌康巴赫赞助播出。"

（二）创意中插

第一期中，作为《非正式会谈》最"元老级"外国代表的功必扬，以"一本正经"地教新代表如何在节目过程中"自然"地植入。

"你们可以中文说不好，你们可以出丑闹笑话，但是养乐多，必须拿好。"

"面带微笑不露齿，对镜头，logo面对正前方，打开瓶盖，张开嘴，不慌不忙地喝掉它。"

（三）小剧场短剧

养乐多品牌吉祥物"养乐多曼"扮演期待《非正式会谈》回归的非正粉丝"爱非"，夸张化表演"爱非"等待《非正式会谈》回归的表现。

第6.5季第一期结尾，组织各国代表拍摄由《阿甘正传》IP改变的短剧，剧目当中各国代表一起奔跑，并在途中和结尾喝养乐多产品，实现通过剧情短片宣传产品的目的。

八、后期剪辑

（一）剪辑特点

大量运用花字、音效、背景音乐烘托节目气氛。

大量运用拼接镜头的画面组合方式。

画面切换节奏较快。

（二）VCR小片

《非正式会谈》每期都会有很多VCR小片，小片内容与节目的整体风格氛围相契合，辅助展现节目的背景信息。

小片一：描述整个大节目的背景及节目理念的小片，以科技感和进化论作为小片线索，主题为"迎接未来"。

小片二：节目片头，以科技感、炫目的灯光为主要画面，介绍了主席团成员和冠名商。

小片三：节目主要成员介绍小片，包括主席团成员，展现每个外国代表个性特色，并与中国元素结合的小片，最后落在全家福画面，体现了节目各国人民团结欢乐的主题。

小片四：介绍新一季节目新舞美、新场景的小片。

小片五：X-woman嘉宾介绍小片。

小片六：本期嘉宾介绍小片。

小片七：阿乐唱歌时，播放他参与中国抗疫的画面。

小片八：顾思达发言时播放冰岛的国家介绍小片（每一个新参加的国家的代表来节目都会播放该国的介绍短片）。

小片九：游戏规则介绍小片。

小片十：与赞助商结合拍摄的故事短片，同时也是广告片。

小片十一：提案小片。通过文字画面展现本期提案的背景、前提、主要内容等信息。

小片十二：嘉宾的公司员工评价嘉宾的短片。结合本期填内容"职场有多卷"拍摄的相关短片（共4个短片）。

小片十三：广告短片。

小片十四：彩蛋小片，本期缺席嘉宾阿雷的工作小片。阿雷因加班缺席本期节目录制，也与本期节目讨论"职场内卷"的主题相契合。

小片十五：由嘉宾拍摄的结合广告赞助的剧情搞笑小短片，改编自《阿甘正传》的短片，在表现剧情的过程中，也实现了赞助商产品的广告露出，实现产品宣传效果。

小片十六：下期节目预告小片。

小片十七：广告小片。

（三）音乐及音效选取

1. 音乐选取

（1）节目背景、代表介绍、新场景展示、X-woman介绍小片均选择了与小片内容相符的背景音乐。

（2）节目开场昂扬背景音乐。

（3）广告口播部分每一个不同的赞助商切换各自不同的背景音乐。

（4）主席团各个成员、各国代表、X-woman及飞行嘉宾登场、介绍、互动时的不同背景音乐。

（5）会长宣布本季及本期节目开始的背景音乐。

（6）会长介绍舞美设计的背景音乐。

（7）聊到一些带有情绪、场景的话题时，配合情绪、场景使用的背景音乐。如本季节目的疫情背景、停播时间的问题等等这样的话题。

（8）各个代表发表观点、讲经历时用不同的背景音乐。

（9）介绍游戏规则、游戏流程及宣布游戏胜负时的背景音乐。

（10）提案、案例、问题等宣读、提问以及代表亮明观点时的背景音乐。

（11）节目结尾总结时的背景音乐。

2. 音效使用

配合节目内容、现场气氛、话题情绪、特效剪辑等，节目当中使用了种类丰富的音效。

九、节目影响

（一）网络影响

1. B站最火的国内综艺。《非正式会谈》6.5季平台播放量近1亿，豆瓣评分高达8.3分。

2. 节目对热点话题贡献了在社交平台有较强影响力和带动力。《非正式会谈》6.5季共登陆100＋全网热搜，37＋短视频平台热搜，主话题#非正式会谈#阅读量破50亿，讨论量近500万。

（二）社会影响

1. 获奖情况：往季节目曾获金塔奖、白玉兰奖、博雅榜、长城奖等，当选2017年度最受大学生喜爱的综艺网络人气冠军。

2. 节目嘉宾国际化，引发多国报道与关注。

3. 各国代表交流看法、描述各国情况的过程其实是"祛魅"的过程，增强对各国了解的同时，提升了自己的文化自信。

（三）行业影响

《非正式会谈》多个代表相互交流的节目逻辑开始被多个节目借鉴。如由各国女代表组成的《姐妹们的茶话会》。

（四）粉丝价值

1. 高黏度粉丝群，向全世界安利最好的《非正式会谈》

值得一提的是，节目组与粉丝之间的互动也相当有深度和频繁，如第三季舞美为粉丝零片酬设计。

2. "非正"真爱粉自贴腰包打广告，海内外宣传

除此之外，《非正式会谈》作为著名的"穷穿地心"节目组，在节目宣传方面几乎全靠粉丝的自发宣传，使得节目得以时常登上热搜，吸引更多关注。

3. 品牌和赞助商被粉丝主动"求赞助"

在《非正式会谈》的前几季，有很多期节目都没有赞助，粉丝为了能让节目顺利录制播出，自发为节目组物色合适的赞助商，许多赞助商确实是依靠粉丝的大力推荐才达成的赞助。

4. 重视粉丝意见反馈，及时调整节目设置

《非正式会谈》第6.5季前三期引入了让观众代表进入演播厅参与录制、发表看法的设置。后收到粉丝们看过节目以后的反馈，及时调整节目设置，取消该设置环节。可见节目组对于观众和粉丝意见的关注。

十、拉片示例（6.5季第一期开头为例）

该部分企图通过拉片，展现《非正式会谈》的画面切换的节奏、后期包装风格、镜头使用逻辑、台词与画面的配合等内容。

拉片选择了6.5季第一期开头16分钟，包含背景介绍小片、开场小片、广告推广、嘉宾介绍、节目环节主要环节之一"全球文化相对论"等内容，具有一定的代表性（见表1）。

表1 《非正式会谈》6.5季开头拉片

序号	内容	台词	总时长	画面内容	切画方式	景别	音效与背景音乐	其他
1	表现节目大背景的小片	3821年，人类科技解锁时间立场，超时空时间立场实现和对话得以实现，来自不同时间维度的先贤和智者，试图阐明人类，那些超越时空的真理。	00：00：00：18	睁眼特写	推	特写	快速推进音效	
2			00：00：01：14	带有经纬度数据的旋转小星球，旋转由慢到快	叠画			瞄准元素，出现了6帧，时间
3			00：00：01：20	快速旋转大星球	叠画			时间
4		（各国语言讲道理）明天对于世界而言，永远是一个奇迹。（英语）	00：00：05：17	旋转地球，由暗变亮	推		机械感和旋转风感音效	光束特效，时间
5		我从不去思考未来，它来得太快了。（英语）	00：00：09：05	黑衣人带到各国代表	科技感转场	近景拉到大全景	机械感	红绿光闪光特效，移位特效
6		弱小和无知不是生存的障碍，傲慢才是。（日本）	00：00：10：20					
7		在命运之书里，我们同在一行字之间。（英语）	00：00：12：07					
8		人类经历严酷考验，才能不断前进，走向发展的高峰。（英语）	00：00：13：14	各国代表打扮成神话人物的画面（变化的光束打在脸上）	叠画	近景	机械感	时间
9			00：00：14：16					
10			00：00：16：05					
11			00：00：17：08	黑衣人画面	叠画加旋转	远景	旋转风感	打光
12			00：00：17：21	打火石打火画面	叠画加旋转	特写	机械感	

续表

序号	内容	台词	总时长	画面内容	切画方式	景别	音效与背景音乐	其他
13	表现节目大背景的小片	每一次磨难都会带给人类更多勇气,让我们勇于迎接新的未来。	00:00:18:16	烧火画面				
14			00:00:19:05	人类进化,移动		特写		
15			00:00:19:14	云卷云舒	叠画			
16			00:00:19:24	在墙上刻字		特写		
17			00:00:20:09	写钢笔字		特写		
18			00:00:20:18	打铁			机械感	
19			00:00:21:03	苹果掉落	直切	特写		
20			00:00:21:18	苹果砸头	直切	特写		
21			00:00:22:10	睁眼	叠画	特写		
22			00:00:23:12	人物张开手	拉近,叠画	中景		
23			00:00:24:05	夜晚闪电天空	直切			
24			00:00:24:22	洪水	直切			
25			00:00:25:21	脚步	直切	特写	壮烈,快节奏	
26			00:00:26:17	各国代表	叠画	中近景		
27			00:00:27:10	爱因斯坦出画面	叠画	近景		

续表

序号	内容	台词	总时长	画面内容	切画方式	景别	音效与背景音乐	其他
28			00: 00: 28: 15	黑板公式	叠画			代码和手指重叠
29			00: 00: 29: 13	手指打字和代码画面	叠画	特写		
30			00: 00: 31: 11	各国代表（脸上有代码光束），由近景到眼神特写	拉近	近景	壮烈、快节奏	
31			00: 00: 36: 21	多个时光穿梭场景和效果的交替展现	快拉叠画			倒影
32	表现节目大背景的小片		00: 00: 38: 07	"上帝"形象	叠画	中景		背景的发散柱状灯光
33			00: 00: 46: 00	各国地标建筑、原子弹、机器人等代表人类文明的成果，向前推进，速度渐增	叠画		旋风、快节奏	
34			00: 00: 53: 09	短片内容倒放，预示回归到人类文明的起源	直切			
35			00: 00: 54: 11	回到2021年，拍摄各国代表坐在《非正式会谈》演播厅里的画（闭眼）	叠画		快节奏、倒轮声音	
36			00: 00: 55: 22	各个代表睁眼的特写	叠画			
37			00: 00: 56: 10	演播厅全景	直切			
38			00: 00: 59: 24	节目logo机械感转场	科技感特效		转场音效	

续表

序号	内容	台词	总时长	画面内容	切画方式	景别	音效与背景音乐	其他
39	片头小片		00: 01: 01: 24	未来感交通工具向前行驶，镜头跟随	直切		引擎声、高速运动声、电流声等具有科技感的音效，配合节奏较快且强的背景音乐	画面以未来感博朋克色的赛彩表现为主。未来感交通工具穿核在未感城市中，在过程中通过城市广告牌等方式表现嘉宾、赞助商等内容
40			00: 01: 03: 19	地铁由画左向画右行驶	直切			
41			00: 01: 04: 10	切换景别，地铁由画左向画右行驶	直切			
42			00: 01: 05: 23	交通工具背面	直切			
43			00: 01: 07: 08	城市侧面，镜头由左向右调度	直切			
44			00: 01: 11: 09	交通工具向前形式	直切			
45			00: 01: 14: 24	落在嘉宾和主席团合影画面	直切			
46			00: 01: 20: 00	强调赞助商的节目logo转场	由大到小			
47	赞助商	赞助商广告词	00: 01: 30: 00	通过画中画形式提示赞助商，画框利用未来感蓝色管道形象	直切			
48	节目互动方式介绍	介绍词	00: 01: 37: 20	演播厅全景画面，平拍角度和俯拍角度结合	直切			
49	开场小片	嘉宾形象介绍小片	00: 03: 31: 11	通过小片展现各个嘉宾的工作、爱好、形象等人物特点	Logo转场			

续表

序号	内容	台词	总时长	画面内容	切画方式	景别	音效与背景音乐	其他
50	节目开场		00:03:32:17	通过大景别画面交代演播室环境	直切	俯拍	铃铛等欢快热闹的音效	
51			00:03:34:00	从赞助商玩偶形象养乐多曼的近景画面拉开到演播室全景的展示	直切			
52			00:03:38:16	各国代表单人中景	风车等特效转场			通过拼图方式展现现各国代表及主席团成员的状态。利用了花字、电流、撒花等符合节目科技感风格的简单特效
53	展示新场景（舞美）	会长（主持人）开场（欢迎收看）	00:03:45:17	主席团全景	直切	全景	欢快的背景音乐以	
54		（冠名等内容）	00:03:53:11	会长（主持人）单人中景	直切	中景		
55			00:03:56:19	全场鼓掌	直切	大全景	及配合特效的音效	现场聚光灯闪烁效果
56		新场景介绍词	00:04:00:19	介绍节目新场景（新舞美）	直切、推	中景		通过拼图方式展现现各国代表及主席团成员的状态
57			00:04:15:23	新场景展示小片	直切	中景		
58			00:04:17:22	各国代表看新舞美的反应镜头	直切			四格拼图
59			00:04:21:21	全景画面				通过画面中画小窗展现个别嘉宾的反应，利用花字强调嘉宾说的话

续表

序号	内容	台词	总时长	画面内容	切画方式	景别	音效与背景音乐	其他
60	强调介绍赞助商养乐多	书记官提问	00:04:23:22	书记官单人画面	直切	中景	在交流过程中插入较短的背景音乐，托气氛音乐，并配合相关特效设置了丰富的音效	利用了花字等符合节目科技感风格的简单特效，强调了发言的内容核心
61		会长回答	00:04:25:20	主席团画面、框住养乐多曼		全景		
62		秘书长抛梗	00:04:28:16	副会长画面		中景		
63		会长回答	00:04:31:10	主席团画面、框住养乐多曼		全景		
64		秘书长提问	00:04:34:06	副会长画面		中景		
65		会长回答	00:04:35:09	主席团画面、框住养乐多曼		全景		
66		秘书长反应	00:04:36:11	副会长反应镜头		中景		利用放大和花字特效，强调了秘书长的面部表情
67		会长感谢赞助商	00:04:38:22	主席团画面、框住养乐多曼		全景		
68			00:04:43:07	会长面对镜头，手拿养乐多		中景	在交流过程中插入较短的背景音乐，托气氛音乐，并配合相关特效	
69		嘉宾反应	00:04:45:16	两组两人拼图的各国嘉宾助手		中景		
70		副会长反应	00:04:46:22	秘书长称赞赞助商		中景		
71		嘉宾反应	00:04:48:04	嘉宾单人反应画面		中景		
72	口播广告	口播	00:04:50:15	主席团画面、框住养乐多曼		全景		
73			00:04:59:19	会长面对镜头，指向养乐多		中景		
74			00:05:03:14	一组三人拼图的各国嘉宾助手		中景		
75			00:05:07:19	会长面对镜头		中景		

续表

序号	内容		台词	总时长	画面内容	切画方式	景别	音效与背景音乐	其他
76	口播广告			00: 05: 13: 21	会长和秘书长、嘉宾的反应		中景		
77				00: 05: 16: 22	一组两人拼图的各国嘉宾反应镜头		中景		人名条
78			我是没有人比我更懂爱非的心，天天都盼着我们的会谈重新归来的	00: 05: 21: 22	会长自我介绍	直切	全景		
79			会长大左，大家会	00: 05: 23: 16	一组两拼图的嘉宾反应镜头		中景	在交流过	
80				00: 05: 26: 01			中景	程中插人	
81				00: 05: 30: 24	主席团成员提到各国嘉宾多曼转场情况，再次提到赞助商		中景	较短的背景音乐的	
82	主席团成员自我介绍			00: 05: 32: 04	会长单人镜头，强调赞助商的优势		中景	背景音乐，	
83				00: 05: 34: 07	主席团三名成员的反应镜头		全景仰拍	并配合相关特效	使用桌面镜头仰拍、丰富画面
84				00: 05: 35: 17	三名各国嘉宾的反应镜头		全景俯拍		使用高机位俯拍，丰富画面，怀疑使用的是飞猫镜头
85			大家好，我是看到会长，就感觉自己各带回的副会长杨迪	00: 05: 37: 19	副会长自我介绍		中景		
86				00: 05: 40: 01	副会长和会长两人拼图镜头，提供会长的反应		中景		人名条
87				00: 05: 42: 05	主席团三名成员的反应镜头		全景		

续表

序号	内容	台词	总时长	画面内容	切画方式	景别	音效与背景音乐	其他
88		哈喽，大家好，我是昨夜在家里把家里的鸽子炖了汤，你们猜这一季咕不咕呢的秘书长陈铭	00:05:50:07	秘书长自我介绍		中景		人名条、人名条、花字、特效等元素应该同一时间消失
89			00:06:03:05	三组主席团反应镜头，第一组：三人，第二组：秘书长+书记官+会长，第三组：秘书长+杨迪；秘书长+会长		中景		
90			00:06:05:12	两组各国嘉宾单人反应镜头		中景	在交流过程中插人	
91	主席团成员自我介绍	大家好，我是现在头衔又多出了一个，B站晚会主持人的书记官陈超	00:06:13:16	书记官自我介绍	直切	中景	较短的烘托气氛的背景音	开两个小窗表现嘉宾反应
92			00:06:16:15	两组两人反应镜头拼图		中景	乐，并配	
93			00:06:18:18	副会长反应镜头		中景	合相关	
94			00:06:20:21	书记官反应镜头		中景	特效	
95			00:06:23:18	主席团三名成员的反应镜头		全景		
96			00:06:25:05	书记官三名成员的反应镜头		中景		
97		以上就是我们非正式主席团的6.5版本，还是熟悉的配方，熟悉的味道，大家	00:06:28:07	会长发言镜头		中景		
98			00:06:29:08	主席团三名成员的镜头		全景		
99			00:06:30:10	书记官反应镜头		中景		
100		看到我们又回来了	00:06:31:24	会长镜头		中景		

续表

序号	内容	台词	总时长	画面内容	切画方式	景别	音效与背景音乐	其他
101		会长引入舞美话题	00:06:33:16	主席团三名成员的镜头		全景		应为飞猫镜头，俯拍全景画面，丰富画面
102		副会长抛梗	00:06:35:10	侧面全景俯拍		全景		
103			00:06:38:10	副会长镜头		中景		桌面广角镜头，丰富画面
104	舞美内涵介绍		00:06:40:08	两组各国代表反应镜头		全景		舞美画面为静止画面，通过动态特效丰富画面
105			00:06:45:16	配合副会长发言，提供舞美画面				
106			00:06:47:11	演播厅大全景	直切	大全景		飞猫镜头拍摄，俯拍，丰富画面
107		会长介绍：一边是我们的赛博朋克风，还有一边是我们的蒸汽朋克风，其实是过去跟未来，大家在这里交汇，科技跟文明能够相互地融合，新友和旧友又在此相聚	00:06:55:16	两组五格拼图画面：包括一个最大的舞美场景画面，第二大的会长画面，三个代表或主席团成员反应画面			在交流过程中插入较短的烘托气氛的背景音乐，并配合相关特效	
108			00:06:59:11	大全景		大全景		飞猫镜头由上至下调度
109			00:07:02:20	会长和秘书长两人拼图		中景		
110			00:07:06:05	配合台词，选择各国嘉宾中"新人"和"旧友"的两个代表拼图		中景		

续表

序号	内容	台词	总时长	画面内容	切画方式	景别	音效与背景音乐	其他
111			00: 07: 09: 00	秘书长和会长对话的双人拼图画面		中景		
112			00: 07: 12: 04	副会长接会长的话，引入各国嘉宾介绍话题		中景		
113		两名外国代表的抛梗接梗对话	00: 07: 18: 07			中景		
114		一直以来我们也没有大规模地更换过我们的代表	00: 07: 22: 06	主席团三名成员的镜头，会长发言		全景		
115	各国嘉宾介绍	但实际上大家也都知道，目前的实际情况就是，国际疫情也没有得到完全的控制	00: 07: 24: 02	会长镜头		中景	在交流过程中插入较短的烘托的背景音的背景音乐	
116		所以造成了我们本季有很多代表缺席	00: 07: 25: 23	外国代表反应镜头	直切	中景		
117		但是我想说的就是	00: 07: 29: 13	会长镜头		中景	乐，并配合相关特效	交代代表的反应，体现代表间的关系
118		那些未尽的缘分，所以来日方长	00: 07: 31: 15	一组两人外国代表反应镜头		中景		
119		所以在这里我们要欢迎的呢	00: 07: 35: 03	会长镜头		中景		
120		就是我们的外国代表当中的老朋友	00: 07: 37: 15	一组两人外国代表应镜头		中景		
121		首先功必扬，欢迎	00: 07: 42: 01	会长镜头		中景		

续表

序号	内容	台词	总时长	画面内容	切画方式	景别	音效与背景音乐	其他
122			00:07:44:15	侧面全景俯拍，正对功必扬		全景		应为飞猫镜头拍摄，俯拍全景画面，丰富画面
123			00:07:46:18	外国代表功必扬镜头		中景		
124			00:07:50:18	一组两人外国代表对话镜头		中景		
125	各国嘉宾介绍		00:07:52:15	演播室正面全景，接近介绍嘉宾的镜头		全景		每人介绍以一组由全景镜头、介绍人个人景镜头，一两组外国嘉宾反应镜头组成。
126			00:07:55:06	外国代表萨沙镜头		中景	在交流过程中插入较短的烘托气氛的背景音乐，并配合相关特效	
127			00:07:57:23	会长镜头		中景		
128		……	00:09:18:13	中间7名外国代表个人介绍		……		
129			00:09:21:03	演播室正面全景	直切	全景		
130			00:09:22:19	外国代表顾思达镜头		中景		
131			00:09:24:23	一组两人外国代表反应镜头		中景		
132			00:09:29:12	会长镜头		中景		
133	介绍欢迎	书记官发言	00:09:34:20	会长和过往在非正式会谈中唯一的女性成员反应的镜头拼图		中景		
134	X-woman嘉宾		00:09:36:10	外国代表反应镜头		中景		
135			00:09:39:16	书记官和外国代表的反应镜头拼图		中景		
136		会长：所以接下来我们首先欢迎的是今天	00:09:41:07	正面全景		全景		

续表

序号	内容	台词	总时长	画面内容	切画方式	景别	音效与背景音乐	其他
137		我们全新一季的第一位X-woman，来自马来西亚的蔡卓宜，有请	00:09:49:08	会长长镜头		中景		利用图标转场
138			00:10:14:13	采用小框画面播放嘉宾小片				
139			00:10:18:03	侧面由上至下下的移动画面			在交流过程中插入短的拱托气氛的背景音乐，并配合相关特效	利用飞猫镜头拍摄
140			00:10:19:22	X-woman嘉宾中景画面				利用游机机拍摄
141			00:10:21:02	外国嘉宾反应镜头		中景		
142			00:10:24:22	镜头移动拍摄，俯拍				利用飞猫镜头拍摄
143	介绍欢迎X-woman嘉宾		00:10:26:24	以人群欢迎X-woman嘉宾走来作为画面近景，画面远景				利用游击拍摄
144			00:10:28:12	单人外国嘉宾反应镜头	直切	中景		中景
145			00:10:29:20	群像外国嘉宾反应镜头		中景		
146			00:10:30:20	单人外国嘉宾反应镜头		中景		
147		X-woman嘉宾发言	00:10:34:08	X-woman嘉宾单人画面		中景		
148			00:10:36:09	一组三人外国嘉宾反应镜头		中景		
149			00:10:38:07	会长镜头		中景		
150			00:10:40:05	X-woman嘉宾单人画面		中景		
151			00:10:41:16	会长镜头		中景		
152			00:10:42:18	X-woman嘉宾单人画面		中景		

续表

序号	内容	台词	总时长	画面内容	切画方式	景别	音效与背景音乐	其他
153			00:10:49:07	七个外国嘉宾单人反应镜头		中景		
154			00:10:53:16	X-woman嘉宾单人画面		中景		
155		秘书长发问	00:10:55:11	秘书长单人画面		中景		
156			00:10:59:01	秘书长和嘉宾两人反应镜头拼图		中景		
157	介绍欢迎X-woman嘉宾		00:11:00:11	单人外国嘉宾反应镜头		中景	在交流过程中插入较短的烘托气氛的背景音乐，并配合相关特效	
158			00:11:12:00	五组X-woman嘉宾和主席团成员以及外国代表互动画面		中景		
159			00:11:16:18	镜头移动拍摄，俯拍	直切	全景		利用飞猫镜头拍摄
160			00:11:19:08	单人外国嘉宾反应镜头		中景		
161			00:11:22:03	X-woman嘉宾单人画面		中景		
162			00:11:25:12	外国嘉宾和嘉宾两人反应镜头拼图		中景		
163		副会长抛梗	00:11:26:16	副会长单人镜头		中景		
164		外国嘉宾接梗	00:11:28:14	外国嘉宾单人反应镜头		中景	在交流过程中插入较短的烘托气氛的背景音乐，并配合相关特效	
165	介绍欢迎飞行嘉宾		00:13:08:04	……				

续表

序号	内容	台词	总时长	画面内容	切画方式	景别	音效与背景音乐	其他
166	进入节目正式环节	会长推流程	00: 13: 12: 01	主席团全景		全景		
167		第6.5季第001次会议正式开始	00: 13: 15: 10	会长镜头		中景		001从会议花字
168			00: 13: 20: 24	大全集		大全集		现场聚光灯闪烁效果,飞猫镜头调度拍摄
169			00: 13: 25: 10	会长镜头	直切	中景	在交流过程中插入较短的烘托气氛的背景音乐,并配合相关特效	
170			00: 13: 27: 12	秘书长反应画面		中景		
171			00: 13: 31: 12	主席团全景		全景		
172			00: 13: 37: 06	副会长反应画面		中景		
173			00: 13: 39: 09	主席团全景		全景		
174			00: 13: 43: 07	会长镜头		中景		
175	推流程,过渡到目的下一个环节		00: 13: 49: 04	配合会长发言内容的一组拼图画面		中景		
176			00: 13: 51: 06	主席团全景		全景		
177			00: 13: 54: 22	会长镜头		中景		
178			00: 13: 57: 10	外国嘉宾单人发言镜头		中景		
179			00: 13: 58: 16	会长和副会长的反应镜头		中景		应为游击拍摄的补充镜头,丰富画面
180			00: 14: 03: 19	配合外国嘉宾发言内容的两组拼图画面		中景		
181			00: 14: 05: 19	外国嘉宾单人反应镜头		中景		

续表

序号	内容	台词	总时长	画面内容	切画方式	景别	音效与背景音乐	其他
182			00：14：10：16	会长镜头		中景		
183			00：14：11：20	外国嘉宾单人反应镜头		中景		
184			00：14：16：17	会长镜头		中景		
185			00：14：18：11	外国嘉宾单人反应镜头		中景		
186			00：14：20：11	外国嘉宾单人反应镜头		中景		用节目logo扫画转场
187			00：14：27：11	主席团全景		全景	在交流过程中插入较短的烘托的背景音乐，并配合相关特效	
188			00：14：30：07	一组三人外国代表反应镜头		中景		
189			00：14：32：00	会长镜头		中景		
190			00：14：33：18	会长和发言嘉宾拼图	直切	中景		
191			00：14：39：17	发言外国嘉宾镜头		中景		
192			00：14：40：19	外国嘉宾反应镜头		中景		
193			00：14：44：04	发言嘉宾和主席团成员反应镜头拼图		中景		
194	正式开始下一环节"全球文化相对论"		00：14：45：09	一日代表反应镜头		中景		
195			00：14：56：14	发言嘉宾近景镜头		近景		
196			00：15：00：20	发言嘉宾中景和主席团成员反应镜头中景拼图		中景		
197			00：15：02：18	主席团成员反应镜头		中景		
198			00：15：07：08	发言嘉宾近景镜头		近景		

续表

序号	内容	台词	总时长	画面内容	切画方式	景别	音效与背景音乐	其他
199			00:15:18:14	几组发言嘉宾中景和主席团成员反应镜头中景拼图		中景	在交流过程中插入较短的烘托气氛的背景音乐，并配合相关特效	
200			00:15:26:19	发言嘉宾近景镜头		近景		
201			00:15:30:10	一组反应镜头和发言嘉宾的拼图		中景		
202	正式开始		00:15:32:01	发言嘉宾中景镜头		中景		
203	下一环节		00:15:34:01	一组反应镜头和发言嘉宾的拼图	直切	中景		
204	"全球文化相对论"		00:15:37:04	发言嘉宾中景镜头		中景		
205			00:15:40:01	副会长单人反应镜头		中景		
206			00:15:41:19	发言嘉宾中景镜头		中景		
207			00:15:46:19	一日代表单人反应镜头		中景		
208			00:15:48:11	主席团全景		全景		
209		副会长抛梗	00:15:51:21	副会长发言镜头		中景		
210			00:15:53:04	发言嘉宾近景镜头		近景		
211			00:16:04:02	主席团成员互动中景镜头拼图		中景		
212			00:16:06:13	发言嘉宾反应镜头		中景		
213			00:16:08:24	拍摄外国代表互动				桌面广角镜头
214			00:16:10:08	发言嘉宾反应镜头		中景		

案例二
《非正式会谈》节目制作宝典（2）

一、节目简介与节目背景

（一）节目简介

　　《非正式会谈》是一档社会文化访谈类节目，每期邀请十位来自不同文化国家、不同历史地区、不同领域文化背景的优秀青年作为固定节目代表和一位一日代表，十一位代表以现场对谈和专题辩论的两种形式深入探讨中国年轻人普遍关心的社会文化话题。"会谈"本是正式外交用语，而"非"字表明了节目轻松诙谐的氛围。《非正式会谈》自2015年开播至今已播出6.5季（见表1），每季豆瓣评分都保持在9分高分，曾荣获上海白玉兰提名奖，第八届中国电视满意度博雅榜十强等。微博同名话题#非正式会谈#阅读量高达51.2亿，讨论量近500万，是名副其实"叫好又叫座"的综艺。

表1　节目播放信息

	播放频道	播放时段	节目时长	节目期数
第1季	湖北卫视	每周五21：15	80分钟	22期
第2季	湖北/黑龙江卫视	每周五21：20	80分钟	50期
第3季	湖北/黑龙江卫视	每周五21：20	80分钟	42期
第3.5季	湖北卫视	每周五21：20	80分钟	20期
第4季	湖北卫视	每周五21：20	80分钟	12期
第5季	bilibili	每周五20：00	100分钟	12期
第6季	bilibili	每周五20：00	100分钟	16期
第6.5季	bilibili	每周五20：00	120分钟	10期

（二）节目背景

1. 社会环境

我国于2013年提出"一带一路"倡议，"一带一路"贯穿亚东欧非三块大陆，一头两端系着活跃的东亚欧洲经济圈，另一边则系着繁荣的欧洲亚洲经济圈，中间是一个发展潜力巨大的亚洲中部腹地，共建"一带一路"不仅促进了全球贸易往来，还推动了中外文化交流互鉴。在此大背景下出品的《非正式会谈》，具有重要的时代意义：节目邀请来自各大洲的青年共处一席，用中文进行深入交流，其间既有"全世界都在学中国话"的汉语热潮，也有面对不同文化差异的冷思考，成为我国文化"走出去"的综艺范本。

2. 行业环境

综艺节目刚开始发展的时候，是为了充分区别传统的电视新闻传播模式。2015年的电视综艺节目已经超过200档，各大有线卫视的综艺明星真人秀遍地开花，户外真人秀节目的综艺市场趋于饱和，观众不由得产生视觉疲劳。《非正式会谈》作为跨文化访谈类节目在市场上比较少见，具有很大的开发空间。随着生活节奏的加快，人们越来越多地期待从室内综艺中获得一种新的放松和愉悦，《非正式会谈》连续三季几乎足不出户，仅仅用一个室内综艺演播厅就能玩尽各种花样，每一次都足以让观众感到新鲜。

二、节目内容

《非正式会谈》每周五晚播出，节目形式非常灵活，正如节目名所说"非正式"，在期数和时长上并没有严格限制。每期的节目主要由三个大型的环节共同组成：非正小剧场（3.5季后被取消）、全球文化相对论和非正式提案，中间还可能会穿插一些小游戏。

（一）非正小剧场

小剧场多数以国内外文学名著或经典影视剧为故事原型，加入一些娱乐年轻的文化元素进行内容合理化重新改编，由2个至5个现场嘉宾共同进行现场演绎。

在一些以古代故事为背景的经典情景演绎中，如《武林外传》《牛郎织女》，外国嘉宾可以换上汉服，学习中国传统民俗礼节，切身体会东方文化韵味，让更多外国人亲身感受中国传统民俗文化的独特魅力，使传统文化不仅走出国门，也走向世界。

（二）全球文化相对论

"文化相对论"的主要观点认为，任何民族文化都应该有自己的文化特色，在文化价值上必然是平等的，没有一种民族文化可以完全凌驾于另一种民族文化之上。

《非正式会谈》延续了这一理念，讨论的内容都是关于全球的各种文化，例如各国的传统民歌。一切可以讨论的东西都能够放入这个环节大放异彩。没有高下之分，没有良莠之别，各种文化展现在一个开放共荣的综艺上，让观众得以在一档节目里窥见"求同存异"的多元文化。

（三）非正式提案

提案环节上，由书记官陈超引出每一期节目的提案（辩题），在场11位嘉宾选择正方或者反方，各持一方进行自由辩论。因为不同国家的风俗习惯、文化背景以及他们个人的人生阅历，所产生的天然的不同价值观念，从而选定出不同的立场。

就像《非正式会谈》第三季第32期中的提案"面对孩子犯错屡教不改，是应该打还是不打"，直接触及各国的教育问题。这期节目打破了西方社会不打孩子只讲道理的刻板印象，让观众更深刻认识到在教育问题上，个体差异大于国家差异，教育的最优解永远不是一概而论，而是因材施教。

表2　节目播放列表（以第3.5季为例）

期数	播出日期（2017年）	小剧场	全球文化相对论	非正式提案
1	12.8			无法接受声音不好听的人做女朋友的我，正常吗？
2	12.15	《阳光宅男》	各个国家吸引中国游客的方式有哪些？	排队三小时只是买一杯好看的奶茶正常吗？

期数	播出日期（2017年）	小剧场	全球文化相对论	非正式提案
3	12.22	《安静》	各国大学生有哪些有趣的课外生活？	老婆不愿意扔掉旧被子，特别怀念旧事物的行为正常吗？
4	12.29	《非正新闻》	各国意想不到的世界第一有哪些？	喜欢安利还偶尔会来查岗的我，正常吗？
5	1.5	《约定》	各国有哪些有趣的发明设计？	各国代表们，你们今年有没有被脱发的问题困扰？

三、节目参与者

《非正式会谈》节目参与者由中国主持人与外国嘉宾组成。为有效营造"会谈"氛围，使电视谈话节目主体和视听观众更充分地被带入电视节目，主持人被赋予不同的谈话身份，分别为"会长""副会长""秘书长"和"书记官"四种身份。外国嘉宾共有十一人，十位固定嘉宾与一位飞行嘉宾，每位嘉宾来自不同的国家并代表自己的国家进行发言。

（一）主持人

1. 会长（主心骨）：大左

大左，36岁，原名左大建，光线传媒首推男主持。节目中他的定位是"毒舌又温柔"。在每期《非正式会谈》开播后，以会长身份摇铃引出节目开场白，主持节目流程。《非正式会谈》嘉宾高达十一人，大左能合理化地控制每位主持嘉宾的节目发言讲话时间，当节目话题发生走偏时，能及时主动引导大家重新回到节目正题上。而且在每位主持嘉宾充分表达完自己的思想观点后，还不时加上一些幽默的短评。他还拥有成熟的节目主持发言技巧，既不会喧宾夺主，抢了各位嘉宾的讲话风头，又经常能适时地给人抛梗抛头接梗，展示语言的艺术，让大家看到作为主席团的核心人物，起到强有力的中流砥柱作用。

2. 副会长（搞笑担当）：杨迪

杨迪，35岁，他是出了名的"造梗"和"接梗"能手，凭借极具感染力的即兴表演和敏感的综艺神经，让《非正式会谈》充满笑点。同时，杨迪和大左是多年的好友，搭档了多部综艺，杨迪特别跳脱活泼，大左相对沉稳，所以二人在主持上配合得相当默契。杨迪造梗不断，带着非正多次上热搜出圈。

3. 秘书长（文化担当）：陈铭

陈铭，33岁，是武汉大学传播学讲师，2010年代表武汉大学并获得2010国际大学全国群英辩论会比赛冠军。由于他本身具有非常高的政治文化思想素养，能够在非正议题辩论议程结束后分条捋顺各国大会代表的主要发言内容并进行分析提炼总结，站在更高的文化思想境界将非正辩题进行升华，让观众有一种"醍醐灌顶"之感。同时，他的综艺感和幽默感也是一流，能够在欢声笑语中春风育人。

4. 书记官（女性担当）：陈超

陈超，32岁，湖北卫视当家女主持人。作为节目的唯一一位现场女性，陈超除了负责引出每一期的辩题之外，更重要的是给全场节目提供了一个女性化的视角，实质是女性观众在场上的化身和情感替代。她是不折不扣的学霸，在《非正式会谈》中也总是一语中的，精彩发言不断。

（二）固定嘉宾

《非正式会谈》每一季有十位固定嘉宾，他们来自不同国家，多为外国留学生，也有些是在中国经商或定居者。

制片人曾透露嘉宾选拔标准"各有特色是考虑的第一要素"，的确，每个嘉宾都有着鲜明的个性，如来自非洲国家的钱多多个性自由奔放，如来自俄罗斯的萨沙不苟言笑的表面下其实是个害羞敏感的小男孩等。在节目中，每个嘉宾都能找准自己的定位，并围绕"人设"积极造梗甩包袱，才不至于使嘉宾群像过于脸谱化和千篇一律。在《非正式会谈》中，你很难找到两个定位相似的人，这得益于制作团队的严格把关。

由于非正式定位于文化访谈类节目，积极有效的输出也是必不可少，因此对汉语和口才的要求也非常高。来自澳大利亚的贝勒泰曾经是"第12届汉语桥世界大学生中文比赛"总冠军，有着近乎母语水平的中文实力和辩论实力，在节目中被誉为"人间清醒"，总能精准输出观点。

（三）飞行嘉宾

截至2021年最新第6.5季，《非正式会谈》共邀请来自40多个国家和地区的嘉宾，固定嘉宾为了考虑文化熟悉度和亲近感，多设置于观众熟知的国家，而在飞行嘉宾中，对国籍限制更少，所以我们能看到来自刚果（金）、喀麦隆、摩尔多瓦、巴勒斯坦、哥斯达黎加等国代表介绍他们的国家文化，给观众耳目一新的体验与文化享受。

表3　节目曾邀嘉宾国籍统计（截至第6.5季）

英国	埃及	印度	孟加拉	澳大利亚
美国	德国	法国	荷兰	泰国
日本	阿根廷	加拿大	哥斯达黎加	比利时
韩国	俄罗斯/塔吉克斯坦	乌克兰	以色列	摩尔多瓦
伊朗	俄罗斯	新西兰	黎巴嫩	马来西亚
法国	意大利	喀麦隆	刚果（金）	南非
尼日利亚	土耳其	瑞典	苏丹	巴西
缅甸	西班牙	瑞士	波兰	巴勒斯坦

四、节目表达元素

（一）场景与布景设计

节目的创意源自于英国传统的"圆桌会议"形式，即与会者圆桌而坐，不分尊长，平等对话和协商。因此节目组贯彻了"圆桌会谈"的精神，没有按照中国传统"尊左"的入座礼仪，而是不分年龄共席。同时，为了保证节目流程的有效推进，主席团（即主持团）的会长、副会长、秘书长成员处于长桌正中间，维护秩序，书记官则位于秘书长右边，与各国嘉宾代表同坐。

整个布景突出"复古"二字，棕色为主基调色，细节的装饰，如主席团身后的世界地图，维多利亚感的玻璃花窗，和点缀其间的灯盏，这些都弱化了节目的脚本感，营造一种真实的会议感，使谈话主体和观众都更加充分地代入节目的谈话氛围。

图 1　非正式会谈布景

《非正式会谈》属于湖北长江传媒的湖北广播电视台，其旗下两大分公司，一个在武汉，另一个在北京。节目组选择在北京搭棚录制，一方面是便利外国嘉宾来往本国，另一方面北京有成熟的综艺影视布景，降低道具成本和人员协调时间。世纪汉唐5号演播室全面积为1600平方米，长54米，宽30米，灯架高度9米，一共有三层楼，一楼是主录制厅，共有4个vip化妆间，1个导播间，1个多功能厅，完全满足节目录制需求。世纪汉唐还曾承办过《国家宝藏》《开讲啦》《剧说很好看》《拜托了冰箱》《乐队的夏天》等大型演播室综艺。

（二）主题音乐

《非正式主题曲》由宋楷作词作曲，非正式会谈成员全体演唱，每一季更换新成员后，都会重新录制主题曲MV，可谓是诚意满满。合唱部分的歌词"我给你非正式的表白，但这是我最赤诚的爱，我给你坚持的理由，你给我坚强的借口，无论梦想需要多大代价，世界就是我们的家"，既表明了非正式会谈是一个大家庭，也呼应了其"世界共融"的主题，每当一季节目即将落下帷幕，大家一起合唱非正式主题曲，总能戳中观众的泪点。

（三）摄像与导播

据现场工作人员透露，非正式会谈共有18个机位，其中包括1个摇臂摄像，这意味着每个主席团成员和嘉宾都能够有自己的独立镜头，充分展现每个国家代表的魅力。

图2　非正式会谈导播间观看18个机位

除了摄像以外，导播也非常给力，每个代表发言时给到的其他嘉宾的反应都非常有趣，充分捕捉嘉宾与嘉宾，甚至是国家与国家之间的"微妙关系"，例如在谈美国的风俗时总不免带到英国代表镜头，韩国代表讲历史问题时日本代表的小表情也让人细细琢磨，能让观众会心一笑，也充分体现了整个节目制作团队对于嘉宾的熟悉。

（四）后期剪辑处理

《非正式会谈》的幕后尖兵制作团队其实是来自湖北广播电视台，他们有着丰富的网络电视从业工作经验。作为一档靠粉丝口碑出圈的综艺节目，无论是"非正式提案"环节的提案征集，还是B站弹幕的建议，抑或是官方微博粉丝的私信，团队的编导们和剪辑手们都一一查看，虚心接受，努力贯彻他们的初心"像粉丝一样思考"。节目从字幕到包装都体现了团队的用心，"笑到失去表情管理""隔着屏幕都能闻着味儿""场面一度混乱"，这种吐槽式花字，让粉丝直呼"后期是自己人"。

《非正式会谈》的单期电视节目制作成本远远不到大多数电视综艺节目的

1/5，但节目该有的物料一点也不少，除了每期精心制作的正式节目，粉丝们还能看到代表们的幕后拍摄花絮。为了避免单一观感，节目组甚至用心打造了三种不同风格的片头宣传片，有全员黑西装的炫酷风，有清新文艺的治愈风，更有浓浓烟火气息的生活风。"穷什么都不能穷制作，短什么都不能短志气"是对《非正式会谈》制作团队的最好评价。

（五）植入广告与节目定制广告

随着综艺步入"网络时代"，传统卫视广告经营总体收入面临连年负增长，一线网络卫视对整体广告经营预算的长期虹吸冲击效应正在加剧，二、三线卫视广告经营则愈加困难。

《非正式会谈》的节目冠名可谓是一波三折，一直都没有稳定的金主，甚至一度处于"裸奔"状态，还曾因为经费短缺停播了一段时间。

就是这样一档"穷穿地心"的综艺节目，依然凭借出色的内容植入制作能力与融合创意，斩获2017年度"中国广告长城奖"，成功赢得"广告主奖之IP营销金奖"和"广告主奖年度经典案例"的这两项年度殊荣。

虽然诞生于传统卫视，但《非正式会谈》一直在探索更有趣、更年轻的节目和广告形态。用生动贴切的花字语言梗"药不能停""我也是醉了"来为赞助商刷足存在感，哪怕片头三分钟的"羞耻小剧场"也能让金主抢镜十足，节目组甚至脑洞大开让嘉宾争夺赞助商代言人席位……虽然只是一个室内节目，赞助商却能在花样百出的节目中无缝植入。

而且，代表们时不时有趣地cue（提示）到品牌方，更引起了网友在弹幕的讨论，激起大众购买的欲望，一举两得。在《非正式会谈》的赞助"空窗期"里，不少粉丝抱怨没有广告看都不习惯，甚至有粉丝主动为节目寻找金主。

从"喂"粉丝吃安利，到粉丝主动伸手要"安利"，到粉丝争当推销员。牢牢抓住粉丝经济的痒点，《非正式会谈》用内容在说话。

《非正式会谈》开创了一种全新的电视节目广告营销模式，增加了品牌方曝光度的同时又能够让粉丝理解和买账。这样高级的广告植入模式，不必为了营销伤害粉丝感情，双方在其中都是赢家。

五、节目脚本

以非正式会谈第三季第32期为例《论如何优雅地修理孩子》为例，介绍节目分段与脚本特色。

表4 节目分段与内容

序号	部分	时长	主要内容
1	小剧场	3分钟	演绎广告，利用小剧场形式打出宣传语"追求源自热爱，愿原力与你同在"
2	片头＋包装	1分钟	
3	全球文化相对论"世界各国的奇葩奖项"	18分钟	会长大左口播
			尼日利亚代表："选丑大赛"
			英国代表："嘴里长脚奖"
			阿根廷代表：国家午睡大赛
			美国代表：鞋子最臭奖
			日本代表：日本杂货大赏
4	小游戏	5分钟	
5	硬广时间	1分钟	
6	提案环节	15分钟	宣读提案
			自由辩论
			总结辩论
7	提案延续	4分钟	在你们的国家，如果发现孩子说谎了，会怎么办
		4分钟	在你们的国家，有什么失职父母的事件或者相关的法规吗？
		8分钟	你觉得父母生小孩前需不需要进行考试
		6分钟	有没有听说爸爸妈妈的故事？自己哪方面和父母最像
		5分钟	你希望你将来的孩子像你吗？有什么话想对你的孩子说
8	小游戏	8分钟	
9	片尾总结包装	1分钟	

六、节目设计、制作、运营与商业化衍生

（一）本土化设计

《非正式会谈》的节目最早脱胎于2009年湖北卫视的一档娱乐综艺《世界大不同》，通过介绍世界各地的文化趣事，后来引进了韩国同类型访谈节目《非首脑会谈》的节目形式进行改版，也通过不断的创新和改进成为综艺节目史上少见的"超越原版"的作品。据2018年教育部公布的统计数据，我国共接受了来自196个国家和地区的近50万名外国留学人员，位居世界第三，亚洲第一，因此在代表遴选上，兼具大国与小国代表。作为一档谈话类节目，辩题和探讨内容是整个节目的核心，节目组在提案选择上紧跟中国社会热点问题，兼具国际视野的广度和内容的深度，不是"点到为止"，而是要"面面俱到"，节目中涉及如"儿童的性教育""娘炮"等敏感话题时，对尺度的把控也非常精准到位，让观众在娱乐的同时也能收获新知识。

（二）制作团队

团队制片人余晴和节目总导演李琳，均从事电视节目制作行业十余年，擅长棚内综艺和脱口秀，而《非正式会谈》正是这两者的完美结合。余晴和李琳带领的这套综艺班子，为湖北卫视打造多套综艺节目，如《有奖有法》《阳光艺体能》等。从2007年开始，湖北卫视的这支王牌制作团队就长期驻扎在北京，同国内外的卫视同行一起开展学习合作交流，成为国内二线卫视中少见的一线制作团队。此外，随着90后成员的加入，整个团队心态越来越年轻，创造力爆棚。

在节目录制过程非常辛苦，一天会录两期甚至更多期。每次节目拍摄前，编导会把每一期台本都写好，并与嘉宾核对并进行反复修改。正式录制中，工作人员往往早上7点半就到达了录影棚，进行拍摄前的准备工作。服化道工作人员往往更先一步准备嘉宾们的服装并熨烫、搭配，舞美组也在进行现场灯光、布景的调试，不放过任何一个细节。8点半开始，主持人和嘉宾就会陆续到达拍摄现场，不少代表都是临时赶来北京录制，脸上还透露着疲惫，就连在休息室中化妆的时候都要忙着和编导对台本。

一切就绪后，下午2点开始《非正式会谈》的正式录制，虽然一期节目在播出时只有80分钟，但录制时间往往持续4个多小时。整个过程中，摄像老师基本只能站在摄像机前，一站就是几个小时。编导们围坐在操作间的监视器前，通过在大屏幕上同时观察18个机位，掌握节目进度，随时向台上传递消息。

下午的工作在6点左右结束，晚上7点就要开始第二期的录制，两场录制中的一个多小时是大家最忙碌的时刻，代表们草草点外卖填饱肚子，就要换上第二场的服装，妆发和道具也要做出相应的改变，音响导演忙着调试设备，还要兼顾其他人的对讲机是否有电。这样的录制往往要持续到深夜，有时候粉丝会在节目里看到大家揉眼睛，是疲惫的证明，但尽管如此，为了不辜负工作人员的辛苦，大家还是打起精神调试好状态，保持高昂的情绪，和工作人员一起拼搏到最后一刻。

等所有人都回到住宿酒店时，已经将近深夜1点半。导演组再次开会，提出当天录制中的问题并反思，还要讨论第二天的注意事项。睡眠成为一件奢侈的事情，忙碌对大家来说是最熟悉的状态，这样的录制一录就是好几天。没时间休息、没时间吃饭，甚至没时间和家里人打电话……但也正是幕后工作人员部分白天黑夜的付出，我们才能看到如此精彩而饱满的《非正式会谈》。

（三）运营与宣传

"用心做节目，用脚做宣传"这句话是对《非正式会谈》的最好写照。因为缺乏经费，节目最初基本0宣传、0热搜，只是靠着粉丝口碑，一点点破圈，最后被大家熟知。

凭借优质的微博内容，#非正式成员会谈话题#微博相关话题长期一直稳居微博话题综艺排行榜前3，热门话题排行榜前10，最高一次登上中国微博话题综艺排行榜第1名。话题微博阅读者数量从零开始起步，节节向上攀升，已达51亿，相关的讨论度也突破400万，官博的粉丝量也达到了610万。《非正式会谈》也越来越走出国门、走向世界。2019年《非正式会谈》荣登中国China Daily报纸，随后相继被埃及、俄罗斯、意大利等多个国家的官方新闻媒体报道，世界多所孔子学院将其列入中文学校教学参考素材，从某种程度上来说也推动了我国文化输出，成为我国展示文化的一扇窗口。

（四）节目衍生及元素的商品化授权

如今，衍生文化商品已经发展成为热门卫视头部新闻综艺的"标配"，有了这种跨界合作思维的强力加持，《非正式会谈》也积极主动拓展了与衍生品牌的边界，延伸产业链，在2017年和澳大利亚代表贝乐泰、英国代表田原皓与阿根廷代表功必扬一同自主开发了一档基于付费的英语音频语言学习广播节目——《好羞耻英语》，在喜马拉雅上线。该广播节目一共24期，需要付费66元左右人民币才能收听，目前已有162万的收听量，不少粉丝表示"干货满满""学英语的动力又增加了"。

七、节目与粉丝互动关系链

（一）初级互动阶段：弹幕、微博

《非正式会谈》最初几季只在卫视播出，后来被官方搬运至卫视B站。从第五季首播开始，节目组正式和B站平台联手，实行"先网后台"的节目播放合作模式，即每周五晚上先在卫视B站上播出，隔周的周五再在湖北卫视播放带弹幕版。B站的弹幕功能为粉丝们提供了天然的互动交流，每期节目的开头都有粉丝发来的"来了""报到"，作为观看的打卡凭证。当各国代表在"全球文化相对论"环节发言时，发言的有趣程度不同，观众的反应也不尽相同，到了"提案"环节，弹幕则变得更加激烈，大家持方不同，看法也不同，讨论程度之深不亚于节目，《非正式会谈》这档节目将思考带给每个人，靠观众的互动完成了二次表达。

《非正式会谈》的粉丝有一个共同的名字"爱非"，微博也是"爱非"们讨论和聚集的场域，对于个体来说，找到网络趣缘、进行身份确认的过程无形之中加固了身份认同，产生情感共鸣。在微博超话进行每日打卡，进行粉丝账号升级，能够增加粉丝们的群体归属感。

（二）中级互动阶段：粉丝录制与粉丝见面会

在互动的中级阶段，大部分粉丝不再满足线上节目的观看，更期待参与线下的录制、粉丝见面会活动，去看到代表们和主持们私下更加生活化的一面。"一花啦啦啦"（B站账号名称）就曾作为粉丝代表，被邀请参加《非正式会谈》第5季第11期节目的录制。连续几届的粉丝见面会均饱受好评，就连线上直播也热度不减，2018年度的B站在线观看人数达到24.5万，观看人数最高达到600万，冲上了直播榜第一位。

（三）高级互动阶段：粉丝设计

更高级的粉丝互动阶段则身兼策划、宣传、商务等多项角色，主动为节目组出谋划策，参与到节目的策划环节。作为一档"穷穿底心"的节目，《非正式会谈》在许多方面的创新和进步都仰赖于观众。《非正式会谈》官博经常在微博征集开场白，不少粉丝积极留言；第三季和第3.5季的冠名商是粉丝拉来的；第四季节目的新舞美，也是由粉丝免费设计。节目制作团队经常查看粉丝的意见，把"粉丝思维"贯彻到底，经采纳的建议在节目最后会放上粉丝的ID进行鸣谢。甚至还有粉丝借助工作的便利，把非正式会谈几季节目内容整理成书：《非正式会谈：遇见温暖的你们》，并得到了官方的认证。在这一阶段，粉丝不仅是节目内容的接收者，更通过主动互动反馈于节目本身，让《非正式会谈》凝结着粉丝的爱与智慧结晶，这也是节目粉丝黏性极高的原因之一。

八、结语

《非正式会谈》从2015年第一季开播起，至今已有6～7个年头，其间经历过许多风风雨雨，《非正式会谈》从节目制作团队到主持人再到外国嘉宾，一直秉持着"开放、思考、对话"的初心，为观众带来内容与文化的享受。《非正式会谈》给电视节目制作行业传递了积极的信号：唯有内容为王，方能笑到最后。

参考文献

［1］《非正式会谈》，B站火了[EB/OL]. [2019.5.29]. https://www.sohu.com/a/317224078_100298842.

［2］贺紫蝶. 国内语言类节目的创新性实践——以《非正式会谈》为例[J]. 传媒论坛，2018，1（24）：106-107.

［3］景义新，韩雨坤. 非正式语境下的多重话语共存与文化认同——《非正式会谈》对谈话类节目的创新分析[J]. 中国电视，2020（07）：50-54.

［4］《非正式会谈》不为人知的"幕后军团"[EB/OL]. [2017.8.28]. https://ent.qq.com/a/20170828/094034.htm?qqcom_pgv_from=aio.

生活类节目

案例三
《奇遇人生》节目制作宝典

一、节目简介

　　《奇遇人生》是腾讯视频推出的一档网络节目，其节目定位是明星纪实真人秀，节目共八期，每周二晚8点于腾讯独播。节目聚焦于八位明星嘉宾与主持人阿雅的旅行，在这场为嘉宾量身定制的人生探索之旅中，嘉宾们可以卸下包袱，抛开繁杂的日常，去拥抱自己能到达的"诗和远方"。他们没有任何束缚，可以随心所欲，在节目组安排的行程中遇见各种各样的人，谈论任何话题，在不同思想与价值观的碰撞中，开启一趟属于自己的奇遇人生。除了记录当地风光之外，旅途中阿雅还与嘉宾展开了一场剖析自己内心的深度访谈，可以说是一场在路上的访谈类节目。

二、节目背景

　　《奇遇人生》的节目主旨是对于自身人生的探索，同时作为一档治愈类慢综艺，它完美契合当代青年人的需要。根据《职场压力报告2021》显示，现在职场人平均压力指数已经达到了7.26，这个数据还在不断攀升中，同时25～30岁的群体连续两年成为最高压力群体。这都足以证明，在当代年轻人快节奏的生活中，压力如影随形，对于未来的迷茫成为他们焦虑的主要来源。《奇遇人生》的宣传主旨"在路上探索世界，同时探索自己"应运而生，这是一种迷茫时期的自我审视，让观众收获了心理上的放松。

三、节目角色及角色分析

（一）固定主持人

阿雅（柳翰雅）。

阿雅是中国台湾的知名女主持人，从早期主持《我猜我猜我猜猜猜》开始与综艺节目主持人这个身份结缘，以搞笑鬼马的性格一路走红。但处在目前的人生阶段让阿雅感到非常迷茫，她决定放弃原有的机会重新出发，提出了《奇遇人生》"以探索世界的方式探索自己"的概念。选择和自己的挚友、新朋友们一起打开《奇遇人生》的旅途。

（二）明星嘉宾

《奇遇人生》的明星嘉宾选择需要贴合它本身定位，而本节目的嘉宾选择也可以称得上是非常精彩，所有明星嘉宾身上都有一种"故事性"，每个人都是值得挖掘的人物。他们不一定是当下最火的流量，甚至大部分人都是不温不火，在圈子中处于一个低调的状态。他们大部分都在经历一段属于自己的"沉淀"，也是目前的市场中能坚守初心的人，或者他们都善于表达自己与众不同的想法。这些明星嘉宾和阿雅共度旅途，探索现阶段人生的意义，也铸就了本节目的意义。

同时在节目打造的旅途中，明星嘉宾不再感觉遥不可及，他们褪去了明星的外衣，重新变回了一名普通人。无论节目的目的地选在哪里，明星嘉宾们都做到了和素人嘉宾们和睦相处，融入平凡的生活。他们在这种情况下讲述自己的故事时，就和观众们形成了一种平等的状态，更能引起观众对于嘉宾人生故事的共鸣，让观众有一种沉浸式体验。

1. 窦骁

窦骁是中国内地男演员，作为演技派男演员，在众多口碑影视剧中作为主演出演，路人缘极佳。凭借着《山楂树之恋》成名的窦骁，提名过很多奖项，除了每年固定地输出作品之外，他很少参加综艺节目的录制，比起在综艺节目中刷脸，他更热衷于提升自己。窦骁除了平时拍戏之外，最大的爱好就是户外运动，特别是一些极限运动。

2. 毛不易

毛不易是一位年轻的音乐人，也极具幽默感，这与他的音乐才华一并构成了出圈的机会，被更多人所熟知。而毛不易身上的故事感就来自他的词曲，他根据真实经历启发创作出来的词曲总是引人共鸣，他为了去世的母亲写下的"一荤一素"成了本次旅行中的核心主题。

3. 朴树

朴树是一位知名的音乐人，除了歌手这个身份，朴树身上还有许多标签。人们说他直接，说他常年2G网不关心周围世界的变化，也说他是都市中的游吟诗人，低调又有自己坚持的个性。朴树就是这样一个性格特点非常突出、之前在综艺节目上被问起"为什么来"，能回答说"没钱了呗"的人，他身上也有那种节目在寻找的故事感。朴树是能够挖掘的，因为他的低调，观众对他知之甚少，或者说抱有好奇的心态，对于朴树如何讲述他理解的旅途和世界，就成了节目组旅途中的观察重点。

4. 宋佳

宋佳是一名女演员，但是在观众面前，包括从综艺节目中体现出来的，宋佳一直是一个"女汉子"的形象，与柔弱无关，这并不代表宋佳永远都是一个强势的人，她其实有很多未曾在电视中展露出的柔软一面，这是宋佳身上可以挖掘的一个点。在本次节目中与女拳王的碰面，更是加深了对于"内心的柔软"这一点的可挖掘性。

5. 范晓萱

范晓萱是一名音乐人，作为一名创作歌手，她对于音乐有着相当执着的追求，这是范晓萱身上的"故事感"，她很容易对音乐产生共鸣，也能借此抒发自己的感想。范晓萱和阿雅也是多年挚友，两人互相了解很深，在节目中也能给二人提供畅所欲言的空间。

6. 白举纲

白举纲是中国内地流行乐歌手，通过2013年的选秀娱乐节目《快乐男声》出道，之后他也陆续参加过一些综艺节目。总体而言，白举纲仍是一个独立音乐人，作为凭借选秀出道闯荡的歌手，对于他可以挖掘的点也很多，特别是在节目中安排了他和赵立新的碰撞，更引人期待。

7. 陈学冬

陈学冬是中国青年一代的男演员，他一直以来都备受争议，而演技就是他最受诟病的点。这些言论陈学冬本人并非不知情，节目组在节目中就致力于挖掘他对于"演戏"的看法。陈学冬对于演戏也有着执着，那是他还在坚守、不会放弃的初心，不过除了"演"，在节目中也能脱离他荧幕中的角色，让大家更深刻地认识陈学冬这个人本身，这也是一种挖掘。

（三）其他参与者

在每一期的节目中都会出现一些为嘉宾做导游或者指导的参与者，他们都是当地人，会带领着明星嘉宾完成任务或者领略当地风景。虽然这些人大多都是素人，但在节目中有和明星嘉宾同等的重要作用。

第一期：登山队的成员，以领队孙斌为代表。

第二期：音乐治疗师团队和音乐创作人钟镇宇。

第三期：作为阿雅和朴树古巴导游的切·格瓦拉的小儿子，自由音乐人马里奥。

第四期：女拳王蔡宗菊以及拳馆的其他人。

第五期：旱獭乐队及其亲属。

第六期：冰岛独立艺术家施瓦纳和极地向导史蒂夫。

第七期：电影放映员杨明金和女儿。

四、节目内容及内容分析

整个《奇遇人生》节目的核心毫无疑问是一场随心所欲的旅程，但是一场旅途的大致方向和规划上还是有一些节目组的用心设计，特别是关于目的地的选择，都是根据嘉宾而量身定制。在每期内容的设置上，不可预见性很强，但这种无法预料的情况反而让整期节目更有悬念，吸引观众继续观看。

从一期节目整体结构来看，除了中间的正片部分，开头都会有50秒的讲述节目主旨的小片，以及在片尾广告播出结束后有个小彩蛋，继续旅行中没有在正片中播放出来的部分。

由于期与期之间嘉宾、主题等多方面的差异，节目中没有出现相似或雷同的情况，从具体的看点来说，每一期都各不相同。

第一期节目的主嘉宾是窦骁，窦骁酷爱户外运动，也喜欢极限运动，曾经多次参与登山，本次节目也是给了窦骁攀登查亚峰的机会，一同开始一场运动之旅。本期是我认为全部十期中节奏最慢的一期，因为查亚峰的天气问题，窦骁和阿雅的登山之旅陷入了漫长的等待。最后阿雅未能成功登上查亚峰，给节目增加了意想不到的戏剧性。

第二期节目的主嘉宾是毛不易，毛不易在成为歌手之前曾经是一名护士，这让他拥有非常细腻的内心，节目组将毛不易的旅途安排了去台湾的养老院，感受音乐治疗。这一趟旅程也勾起了毛不易对于去世母亲的回忆，与拥有母亲这个身份的阿雅产生了联系，这也是本次节目的看点。这期节目也充分展现出音乐的魅力，具有抚慰人心的力量。

第三期节目的主嘉宾是朴树，朴树是一个很宅的人，在节目组的规划下，决定让阿雅和朴树前往古巴哈瓦那，这个热情并有异域风情的城市，希望这能和成熟、内敛的朴树产生有趣的碰撞。从本期的内容中观众可以直观感受到朴树身上的"故事性"，他是唯一一个不期待这场旅行的嘉宾，他身上这份对于旅行的抗拒感反而成了本期的最大看点，让人们见识到了属于朴树的真实。

第四期节目的主嘉宾是宋佳，宋佳的旅途定在了广东珠海和澳门两个地方，她要和阿雅一起与女拳王蔡宗菊见面，并体验她的生活。本期节目展现了宋佳不同寻常的柔软一面，并以此为"点"找到了宋佳和蔡宗菊之间的共鸣，展开两个人相似的共同经历和故事，看点就在两人故事中都有的那个"家"上。

第五期节目的主嘉宾是范晓萱，范晓萱的目的地是新疆喀纳斯，她将在这个地方拜访旱獭乐队，一起制作一首歌曲。本期最大的看点就是"民族"，"民族的就是世界的"这一句话在范晓萱的旅途中得以呈现，让小众与大众、独特与流行这样看似冲突的事情，在音乐中得以融合，让观众领略到少数民族文化带来的震撼。

第六期节目的主嘉宾是白举纲，他和阿雅一同前往冰岛，本期主题的看点在于冰岛绝美的自然景色，以及关于"时间"和"理想"的讨论。白举纲原本是想做旁观者，却也不知不觉融入了这场时间之旅，带领观众看到几百年的风景，和长长的家族历史。

第七期节目的主嘉宾是陈学冬，陈学冬和阿雅一起前往云南见到了电影放映员杨明金，本期的看点主要在于杨明金这个人，他身上的故事性与明星嘉宾们非常契合，节目中关于影视工作的探讨，以及人生中意外事故的探讨都非常吸引人。

五、节目特色

（一）"综艺＋纪录片"深度融合

《奇遇人生》节目的导演请到了国内知名的纪录片导演赵琦，这也奠定了节目的主基调。关于综艺节目跨领域和纪录片结合这件事，在此之前几乎没有节目尝试过，因为看起来这两种作品是完全不搭的，综艺节目注重娱乐性和趣味性，特别是真人秀节目，重在"秀"。而纪录片要的是纪实性，很多纪录片不会首要考虑趣味，这使得这两件事的融合非常需要把握尺度。《奇遇人生》做得好的地方在于它有体现综艺，通过阿雅与明星嘉宾们的访谈，旅行时宣泄的喜悦，和各种意料之外的笑料，包括真人秀的这种形式都是在突出综艺。但是它的拍摄手法，选择的拍摄题材，以及在后期的包装中都走的是纪录片的形式，这种新颖的制作方式让观众在看节目时能收获一种沉浸感，引发情感上的共鸣。同时拉高了节目的立意和高度。

在综艺节目和纪录片领域，《奇遇人生》做了"第一个吃螃蟹的人"，这使得它成功出圈，在豆瓣上收获了8.8的高分。

（二）量身打造

《奇遇人生》不同于市场上大多数综艺，因为在节目中嘉宾占据主动权，每一期节目实际上都是为本期嘉宾量身打造。在节目组所选择的目的地里，能很好地激起嘉宾身上的故事性，让嘉宾拥有倾诉欲。包括他们会遇到的其他参与者，都是和嘉宾有一定相似性，或者对嘉宾有一定启发作用的。比如第二期的追风小队成员，最后送给春夏和阿雅的礼物有属于她们自己的特殊含义，给到了他们启发。再比如旱獭乐队和范晓萱的组合，就是他们都有音乐追求上的相似性。

（三）真实性

《奇遇人生》节目追求纪录片那种程度的真实感，所以没有任何设计环节，也使得节目中出现了许多无法预料的突发事件。比如第三期阿雅突发身体情况无法进行登山活动，以及春夏和朴树节目拍摄时突发的情绪，嘉宾对于赵琦导演的评价等都真实地展现在镜头前。这样的镜头真实地表达嘉宾的情绪，也调动起了观众的情绪。

（四）素人的强参与

在节目中除了明星嘉宾，其他参与者基本上都是素人，也有像旱獭乐队这样的，发行过唱片但是知名度还是比较低，也将其归类为素人一类。节目中不仅仅是"星素结合"的程度，素人在节目中参与度是非常强的，甚至节目组还会花很多的笔墨来挖掘素人参与者身上的故事。

比如第五期里蔡宗菊绝对算是主角而不是陪衬，在讲述明星嘉宾宋佳的故事时，总能恰到好处地引出蔡宗菊的故事，从而让人更好地了解到这位女拳王。还有最后一期的杨明金也是一个参与感极强的素人参与者，主要因为他的故事和阿雅的故事有共情之处，又和陈学冬的故事有共鸣之处，两相结合之下，也能讲述出一个属于杨明金的故事。并且很多嘉宾还有属于自己的访谈时间，和明星嘉宾享受到了同样的待遇。

六、节目制作

（一）制作团队

《奇遇人生》的导演是知名纪录片导演赵琦，他在纪录片领域获得了诸多国际大奖，对纪录片的了解也让他在《奇遇人生》的拍摄中能够自然融入纪录片的元素。例如，第一期加入了保护动物的题材，并且展示了非洲偷猎的情况，还有展现大山中的放映员杨明金、台湾的养老院等，这都是纪录片比较偏爱的拍摄题材。

除导演之外，作为腾讯平台独播的一档网综，《奇遇人生》的整体制作团队也非常精良，投入了大量的时间、精力筹备。节目组的摄影指导孙少光也是长期从事纪录片拍摄的工作，对于镜头的运用、拍摄技巧层面可以说炉火纯青，并且长期的工作经验也让他对于镜头把控有敏锐的直觉，这才能拍出《奇遇人生》中备受称赞的镜头。

本节目的主持人阿雅也是节目的发起人，她可以算作制作团队的一员，在这种情况下她深知自己什么时候在节目中应该起到什么作用，作为主持人她不是无时无刻不在节目中刷存在感，她会给嘉宾留出自己的空间。比如在第八期中，嘉宾的存在感比阿雅强得多，他几乎承担了主持人的工作，大量时间都是嘉宾独自聊天。嘉宾提出的问题更加大胆，能在嘉宾的故事之间做起串联，也满足了观众需求，有益于节目的进行。当然这期的放松状态，要归功于阿雅在主持节目上的"进退有度"。

（二）拍摄

《奇遇人生》的拍摄相比较之下，是比较简单的，节目的嘉宾不多，又是旅行类的综艺，基本上采用摄影师手持跟随拍摄的形式。当进入一个固定场景，开始固定镜头拍摄的时候，一般也不会超过三个镜头，基本上是两个镜头给到嘉宾，剩下的补充一些特写镜头在其中，使画面更加丰富、有趣味性。而且在节目中车上的场景非常多，这个画面的构图比较简单，节目中一般就采取两人侧面拍摄或者正面拍摄中的一种，在机位不变化的情况下加入一些景别变化，让这段画面不至于单调，引起审美疲劳。

同时作为纪录片和综艺节目的融合，《奇遇人生》的镜头很有纪录片的味道，大量地使用空镜头，像是日本的街道、科罗拉多州的风暴、广阔的非洲草原，都带来了一种氛围感和纪实感，也让观众对于节目环境有所了解。还有环境中人物的展现，在说话时节目组偏爱使用特写，突出嘉宾而虚化背景。如果嘉宾陷入沉默或者思考，镜头就会拉远，让人物融入环境。

（三）剪辑

《奇遇人生》每期的剪辑都很具有重点。在前三期中主要以节目中出现的悬念事件为重点，这在前三期表现得比较突出，比如第一期"可不可以攀登查亚峰"等，都比较突出地利用了一个悬念将整期节目串联。当然节目组并没有全部将十期节目都做成这种形式，避免引起观众的审美疲劳。

在后面的节目中，主要依托各种小冲突，包括明星嘉宾与素人参与者之间的冲突，嘉宾与自我之间的冲突，或者与大环境之间的冲突。比如说第二期春夏和导演赵琦发生了小冲突，第五期的朴树也与节目组、古巴的大环境有一些小冲突，这些都使得整体节目的发展节奏有所起伏，能够吸引观众继续观看。

并且《奇遇人生》作为一档旅游类的节目，又是一档"慢综艺"，剪辑上主要根据时间叙事，不会像游戏类真人秀那样，采取零散的剪辑叙事。作为一档网络综艺，《奇遇人生》每期节目的时长也没有严格规定，每一期都不一样，且都有几秒的零碎时长，不会像电视台节目严格要求整数分钟，这也给了剪辑上的很大自由空间。

（四）包装

《奇遇人生》的后期包装可以说是完全纪录片式的，完全杜绝了综艺节目传统的音效和花字。在每期节目的进程中几乎只有白色字幕出现，这样的后期包装方式不会打扰观众对于旅途进程的欣赏，不会过于浮夸导致观众"出戏"，也使得本节目有别于其他综艺节目。

节目中对于音乐和音效的使用也是恰到好处。节目喜欢根据每一期节目的进程快慢选择不同的音乐，起到衬托节目气氛的作用。并且因为音乐上的选择重复较少，可以给观众更多新鲜感，特别是在结尾升华主旨意境时，这种桥段本身容易引起观众的逆反心理，使用不同的音乐会让观众察觉不到这一部分的相似性，从而每一期都能在结尾成功煽情而不重复。至于音效方面，为了使节目更有纪录片的效果，节目也加入了很多自然的环境音，比如说雨声、风声、汽车行驶声等。这些环境音效在让节目更真实的同时，也能展现出节目的质感，有了治愈性节目的感觉。除此以外，节目在人声使用上大量使用了旁白，作为主持人的阿雅会在开头就通过旁白介绍本期主要内容，并且展现主要看点和节目传递的思想，非常吸引眼球。

七、广告赞助

（一）赞助品牌

1. 冠名商

捷豹是英国知名豪华汽车品牌，作为一档旅游节目，邀请汽车品牌作为赞助商是极佳的选择，特别是《奇遇人生》宣扬"在路上"的概念，整个节目组在旅行途中展现品牌的机会很多。

2. 行业赞助品牌

欣活奶粉是伊利旗下针对45岁以上人群的产品，作为食品类它的露出空间也比较多，节目毕竟是一场旅行，对于嘉宾的体力有所要求，需要经常补充体力的话，食品类是一个很好的赞助选择。

蘑菇街是专注于时尚女性消费者的电子商务网站。可以提供服装的赞助商基本在任何节目中都不失为一个好选择，可以给嘉宾提供衣服的同时起到宣传作用。

3. 互动支持

本节目的互动支持平台非常多，最主要的是腾讯视频App，在腾讯视频官方平台可以看到节目的更多精彩花絮，并且可以通过弹幕参与互动。

（二）广告露出方式

1. 广告标板

片头片尾均有出现，冠名商和行业赞助各五秒钟各5秒时间。

（1）捷豹："本节目由捷豹新英伦豪华轿跑，ＰＡＣＥ家族冠名播出。"Slogan：捷豹新英伦轿跑SUV家族，PACE旅程。

（2）欣活奶粉："本节目由伊利欣活中老年奶粉赞助播出。"Slogan：骨骼健康，乐享欣生活。

（3）蘑菇街："本节目由不知道买什么衣服，先逛蘑菇街的蘑菇街App赞助播出。"Slogan：不知道买什么衣服，先逛蘑菇街。

2. 压角标

冠名商独有的形式，在节目大约50%的时间内，都会在屏幕右下角打出节目名字和冠名商的小动画。

3. 植入式口播

冠名商独有形式，在节目的开头阿雅首先会通过旁白的方式，用捷豹汽车的关键词和本期节目内容相联系。在节目中部，阿雅和嘉宾也会通过情景式口播来植入捷豹汽车的广告。

案例四
《拜托了冰箱》节目制作宝典

一、节目简介

《拜托了冰箱》是腾讯视频引进韩国JTBC电视台的同名节目，进而推出的大型明星美食类脱口秀节目。第四季节目首播于2018年4月25日，每周三晚20:00于腾讯视频独家上线，每期70分钟，共10期，于2018年6月27日完结。

在节目中，每期会邀请两位当下的话题明星与自己的冰箱一起来到演播室，与主持人和主厨畅聊美食与生活、趣闻与趣事。在每期节目的最后部分，主厨将会回归厨房，利用明星冰箱里的现有食材进行创意料理。

图1 《拜托了冰箱》宣传海报（图片来源于网络）

二、节目主持人

（一）主持人设置

1. 何炅

湖南卫视的主持人何炅，是中国内地知名综艺主持人、歌手、导演，综艺主持界的"天花板"。早在1995年，何炅就在中央电视台进入主持圈。在20年的主持生涯中，何炅外表看着像一个"长不大的孩子"，节目中实际上已经是主持老手，可以从容面对节目中的各种状况，当之无愧被尊称为"一哥"。

2. 王嘉尔

1994年出生的王嘉尔，是中国香港男歌手、主持人、知名国际组合中国籍成员。其具有多元身份，进击演艺圈之前曾是一名专业的击剑运动员，转型做艺人后，也展现出丰富的才艺。

（二）主持人特点

两位主持人何炅和王嘉尔在节目中的组合被称为"何尔萌"。何炅毫无疑问是一位具有丰富工作经验的综艺娱乐主持人，能够对语言技巧有着成熟的综合运用，在适当的时候，他可以很好地控制节目的主体运行节奏，不至于使节目偏离于主线；除此之外，他还可以巧妙地运用各种语言引导嘉宾，来推动节目的进展，让观众达到一个很好的视听节目效果。而另一位主持王嘉尔，虽不是主持专业出身，但本身"自带流量"，可以有效地提高节目的收视率；相对年轻的主持人加入为节目注入更加青春活力的元素，有效地提高了节目的综艺感；同时，在主持领域不那么专业的演员、歌手回归到综艺节目中体现了节目的包容性，能够有效地拉近节目与观众的距离。

三、节目受众定位

（一）节目形式新颖，环节设置独特

《拜托了冰箱》是一档自制网络综艺，由腾讯视频独家播出，根据引进自韩国JTBC电视台同名节综艺节目进行创作。在节目中，两位主持都非常受当下

年轻人的欢迎，且每期的邀请嘉宾也是当下的热门话题人物。在打开明星冰箱的过程中，主持人与嘉宾进行生活上的交流，通过冰箱这一个极具生活气息的物品来感受明星们的幕后百态，让观众看到明星风光背后的真实生活。

在众多访谈类节目中，各档节目在内容呈现和流程编排上都大同小异，采取基本相同的主持人与嘉宾的问答或是聊天的形式。而《拜托了冰箱》中，嘉宾将自己生活中的物品——冰箱带入到节目现场，不仅与主持人进行互动，还与现场的六位主厨产生不同的节目效果，属于综艺中独特的环节设置。

本节目将"冰箱"作为切入点打入明星的私下生活，既满足了粉丝对明星进一步的了解欲望，也借助这样一个普通的家用电器拉近了观众与节目的距离，吸引了互联网平台上庞大数量的目标受众。

（二）捕捉日常细节，迎合生活方式

《拜托了冰箱》播出平台为腾讯视频，受众多为15～35岁的人群，此类受众在观看视频上有碎片化的特点；此外，在当下快节奏的生活中，年轻人喜爱边吃饭，边"追剧"。而《拜托了冰箱》抓住年轻人这个生活习惯，自定位"最强下饭综艺"，以每期明星嘉宾的冰箱为节目线索，借此机会来聊明星的生活。在节目最后的"比赛"中，色香味俱全的美味佳肴呈现在荧幕上，同时也满足了人们的味蕾需要。节目内容与节奏符合当下年轻人的观剧特点，迎合了年轻观众的追剧喜好，完美契合"90后"的观剧思维模式。

四、节目形式

（一）网综形式大胆创新

《拜托了冰箱》作为一档纯网络平台上播出的美食类脱口秀综艺节目，也具有混搭风格，由嘉宾的脱口秀与大厨之间的美食比拼竞赛共同组成。由于该节目是中国购买韩国原版节目版权后的"改装"节目，所以《拜托了冰箱》保留了韩国综艺真人秀节目的精华，在经过中国的本土包装后，又具备了国内脱口秀的独有特点。

作为网综，将国内语境上的尺度也利用到了最高，迎合了年轻观众对明星的猎奇心理。节目组大胆进行创新，将厨艺竞争和脱口秀大胆结合，把明星脱

口秀搬到厨房样式的演播室里。两个部分的融合让节目充满趣味，符合当下年轻人不愿花太多精力在做饭上又想吃得健康的现实情况。

（二）演播室布置氛围感强

与户外真人秀不同的是，棚内综艺节目空间有限，演播室的布置应尽量与节目主题相符，这样不仅能使观众对节目的特色一目了然，还能让参与节目录制的人员最大限度地融入情境之中。

《拜托了冰箱》的主演播室中，暖黄色的灯光营造出温馨的气氛，墙上挂着"冰箱家族"的合照体现出家庭团聚的人情味，现场中间摆放的长桌还原了家里客厅的样式；而主厨们商量"战术"的地方则是书房样式；料理区是开放式厨房，还原了基本的家中格局，给观众很强的代入感。

在厨师进行做菜的时候，所有人来到第二演播室，主持人和嘉宾品尝食物的餐桌和主厨们的料理区域用一个长桌连接，有一定的距离感但又营造出上菜的感觉。开放式的料理区域设计能让主持人和嘉宾近距离观看厨师们的料理过程，让主持人、明星嘉宾和厨师都能更加自然地在节目中表现自己，也能让观众在观看时，被带入这种轻松、和谐的氛围中。

整期节目被"聊天"与"比赛"两部分划开，而两部分分别对应着两个主演播室。一个演播室用来透过明星的冰箱看其日常生活，另一个演播室就用来下厨，节目组这样的设置方法既避免了观众长时间看相同背景的单一感，也表达了节目将"生活"与"料理"放置于平等位置的思想理念。

（三）录制视角全面独特

《拜托了冰箱》通过各种不同的摄像机位和多个不同景别的高清摄像头，实现了对整个演播室360度无死角的画面摄制，参与录制的每个人都有自己单独的机位，充分记录所有人的即时反应。

这些大量拍摄的镜头保持了成片中画面的流畅性，也为后期剪辑提供了大量的有效素材，让后期在剪辑的过程中有更多选择；人物、物品特写镜头的加入，则可以用生动的细节打动观众，让观众能够更加深入地了解节目嘉宾的幕后生活。

在节目的后期剪辑中，运用录制时多视角镜头留下的画面作为基础素材，与音效相结合，并运用多机位同时拍摄、进行回放、不同景别画面等播放技巧，让每期节目都变成一个个有富有线索的主题故事。例如，冰箱里的镜头仿佛是观众在"窥探"艺人私生活，与节目轻松幽默的脱口秀风格相契合；厨师们在料理的过程中的特写镜头，则展现了为嘉宾制作菜肴过程中的15分钟紧张对决，充满了竞赛的紧张刺激感。

五、节目内容

（一）节目梗概

在本季中，节目仍是邀请两位明星带上自己家中或是剧组中的常用冰箱来到节目现场，在揭秘嘉宾冰箱内容的同时展现脱口秀的节目特点。

第四季的厨师比拼赛制有所改变，六位厨师被分成两队，而主持人之一王嘉尔作为队长带领其中一队，来对阵另外一队，这样的对决方式让六位厨师都能参与到最后的制作环节中来；且在每支厨师队伍中，都有一名主厨主持大局，而其队伍的菜肴就是根据主厨的想法来制作的。最后由冰箱主人在品尝后为自己心仪的主厨颁发"主厨奖章"。

本期节目的Slogan为："打开冰箱，料理生活"。点名节目以"冰箱"为中心，提醒年轻人在忙碌的生活中也要好好经营自己的生活。

（二）节目流程（以第九期为例）

本期节目中是由田树队（陈瑞豪、李阳）对阵安贤珉队（黄研、罗拉），为嘉宾戚薇做出一顿美味的料理。

（三）第九期分镜头内容

表1　第九期分镜头内容

内容	时长/秒	时间	镜头
片头小片	8	00：08：00	
播放平台广告（腾讯视频）	5	00：13：00	

续表

内容	时长/秒	时间	镜头
主持人开场	20	00：33：00	演播室全景切主持人中景 两人近景切换
与现场厨师闲聊	50	01：23：00	厨师一人一个镜头 主持人中近景切换
嘉宾出场	15	01：38：00	嘉宾出场全景 分别近景 厨师中景拼接画面给反应
介绍第一位嘉宾	90	03：15：00	人物说话的时候给单人近景
游戏环节 独家赞助商现场广告植入	105	05：00：00	根据内容全景 个人近景特写切换
大厨探索嘉宾冰箱	75	06：15：00	冰箱内特写 厨师全体全景镜头
嘉宾冰箱内容揭秘	145	08：40：00	冰箱内特写 单人镜头近景 全体镜头全景
小游戏＋现场闲聊	310	13：50：00	演播室全景 全屏现场屏幕内容
正式打开嘉宾冰箱并与观众展示内容及原因	340	19：30：00	冰箱内特写 主持人手持食物特写 中近全结合
据嘉宾个人特点设计的游戏	70	20：40：00	全体中景 个人特写
继续揭秘嘉宾冰箱食物及其原因	510	29：10：00	食物特写 人物中近全结合
与嘉宾深入聊天	260	33：30：00	人物中近全结合
主持人与嘉宾用小游戏分队选厨师	65	34：35：00	人物中近全结合
嘉宾在第二演播室与主厨们聊想法	155	37：20：00	第二演播室全景 人物近景与特写

内容	时长/秒	时间	镜头
演播室厨房内进行厨师选择	75	38:35:00	全景 人物中近景结合
嘉宾备采	15	38:50:00	人物近景
嘉宾为主厨选食材	40	39:30:00	人物中景 食物特写
厨师料理时间（15min） 穿插厨师备采聊料理想法	730	51:50:00	主持人和嘉宾近景 厨师特写 演播室全景
菜品展示	30	52:20:00	厨师特写＋料理特写
嘉宾品尝环节	240	56:20:00	以单人近景镜头为主 穿插主持人与嘉宾的全景镜头
嘉宾做出选择为厨师颁 发厨师奖章	100	58:00:00	人物中近全结合 演播室全景 奖章特写
嘉宾阐述选择理由 厨师分享获奖感言	40	58:40:00	嘉宾和主厨近景
主持人收尾、口播	100	1:00:20	主持人近景
剧情广告	55	1:01:15	
片尾	45	1:02:00	

六、广告及赞助商

《拜托了冰箱》主要在食品、家电和数码三个领域中进行赞助商的选择，使其与节目本身基调相匹配；从这些领域的消费年龄上看，涵盖了年轻人与中老龄人群；而从消费阶层来看，以中等收入人群为主。在对赞助商的选择上符合节目定位，覆盖面广；在赞助商品牌的植入方式上也利用了新颖独特的方式，避免了传统植入方式上的单调突兀，进行了有效的赞助商宣传。

（一）赞助商

表2　《拜托了冰箱》赞助商

赞助商类型	赞助商
独家冠名商	甄稀冰淇淋
联合赞助	绿箭
行业赞助	荣耀10、黑人牙膏
指定厨房产品	方太
指定厨师培训学校	新东方烹饪学校
指定零售商	家乐福
指定智能冰箱	智谛
首席合作媒体	新浪娱乐
独家播出	腾讯视频

（二）赞助商口播

1. "打开冰箱吃什么，当然是甄稀冰淇淋了。"

"顺乎细腻好甄稀，秘密就是7%。"

2. "本节目由打开冰箱，美味无限　餐后绿箭清新一片的绿箭口香糖联合赞助播出。"

3. "我们的节目由2400万AI摄影，会变色更潮美，而且还有超声波指纹解锁的荣耀10手机赞助播出。"

4. "节目是由你放肆吃、放肆笑，吃空冰箱心情好的黑人牙膏赞助播出。"

5. "同时也感谢为健康不跑烟，方太智能升降油烟机对我们节目的大力支持。"

6. "感谢新东方烹饪教育对本节目的大力支持。"

"感谢家乐福对本节目的大力支持。"

"感谢智谛冰箱对本节目的大力支持。"

在传统印象中，口播往往是主持人对无趣的广告词的陈述，但近年来"花式口播"的出现给各个自制综艺节目又增加了趣味，再加上节目组在后期对这些广告语配以花字和表情包等特效，既为广告品牌打通了知名度，又为节目本身增加了幽默感。在本节目中，独家赞助商的口播形成了两位主持人之间的问答，同时也推进了嘉宾和厨师与主持人之间的互动，构成了节目中独具特色的一部分。

（三）广告：由厨师参与拍摄的小剧场

通常放在片尾，时长为1分钟左右；

第九期片尾的广告由主持进行拍摄，通过有趣的剧情设计对新东方烹饪学校进行宣传，让观众在观看节目之后，对没有明显出现在节目中的赞助商有深刻的印象。

（四）独家冠名商植入

《拜托了冰箱》节目中大量出现植入式广告，但节目组把广告植入与节目内容融合做得很好。

节目对植入品牌做出了精准定位。作为一档美食类综艺脱口秀节目，《拜托了冰箱》每一个品牌都与节目本身有着紧密的关联。独家冠名商甄稀冰淇淋对应了饮食的定位，同时符合当下年轻人的饮食喜好，其储存空间呼应"冰箱"，切中了节目的主题；作为赞助商之一的荣耀10手机可用作"晒美食"元素的终端，也符合当下年轻人的生活习惯。

节目广告植入多元化。在节目中，对广告的植入运用了声音植入、情节植入和画面植入。声音植入最直接的表现就是在节目的开头和结尾，主持人对赞助商的隆重鸣谢。其次，在节目的过程中，主持人会在合适的时机引出品牌的经典广告词，在节目的快节奏中有意地把品牌引入到谈话环节中，并没有给观众带来突兀感；情节植入在节目中也有大量的运用，例如在嘉宾出场后，主持人会为嘉宾从冰箱中拿出甄稀冰淇淋进入品尝的环节，将欢迎的氛围有效地与品牌契合在一起，再通过嘉宾的正面评价衬托出产品的价值；画面植入在《拜托了冰箱》中也做得比较成功，兼具隐蔽性和自然性，品牌LOGO的出现不局限于近景和特写，而是将品牌符号有机地融入到演播室的各个细节中，让单个产品在画面中并不突兀。

通过声音、情节和画面这三种植入方式，《拜托了冰箱》形成了一套有效的宣传模式，让广告植入在推广中形成了一种润物细无声的效果，有效地提高了品牌的关注度和辨识度。

七、节目传播策略

（一）大牌明星助阵

《拜托了冰箱》的固定主持何炅、王嘉尔在当代内娱都"自带流量"，何炅更是经验丰富的娱乐综艺节目主持人，不仅拥有庞大的粉丝观众群体，在业界也有着极好的口碑和形象；王嘉尔作为当下备受年轻人喜爱的偶像，真诚、幽默的人物标签为其圈粉无数。两人形成的组合，既能保持主持的专业性，也兼具当前娱乐综艺的幽默需求。两人的粉丝团体在节目初期就为节目带来巨大流量。

节目组每期邀请的嘉宾也是当下的当红流量明星或者是娱乐圈中具有话题性的人物，明星与主持人之间的碰撞更是会为节目带来看点。例如第四季最后两期的嘉宾分别为戚薇和陈学冬，看似没有关系的两人在节目中相遇，为观众带来新奇的感受。每位嘉宾都有自己的特点，拥有不同的粉丝群，而当这些小众的群体形成聚集效应，将会实现节目受众的全覆盖。

（二）多种媒介宣发

《拜托了冰箱》作为一档网综，线上的宣发是必不可少的。新浪娱乐作为首席合作媒体发挥了很大的作用，节目在每期播出的同时也在与观众进行互动，例如在每期节目中主持人在对嘉宾的介绍时，节目下方都会出现嘉宾的微博名字，鼓励观众与嘉宾进行微博互动。在节目上线后，微博上也会进行一次又一次的话题转发，利用微博平台传播节目。节目中也会进行介绍，"用户在微博平台上发布带有与节目相关话题后的帖子后，即有机会获得明星签名照"，这种形式无形中会促进节目的推广，也有效地增加节目的用户黏性。

节目本身的包容性决定了内容的多样性，两位主持开放的主持风格为节目增加了很多看点与笑点，这些内容可以有效地增加观众对于节目的讨论。在节目上线前后，将这些内容拆条放在短视频平台，也会吸引更多年轻用户加入节目的整期观看中。

作为腾讯视频的独播自制网综，用户在观看视频时可以发送弹幕进行互动，或是对别人的言论进行点赞和评论，增加了节目的互动性；视频播放的右侧还有"互动"板块，观看视频的用户可以点击"为TA加油"来增加明星或是主厨的人气值，也表达了用户自身的喜好。

八、结语

《拜托了冰箱》作为一档国内自制美食脱口秀自制综艺节目，实现了将"美食"与"脱口秀"两个元素结合在节目形式上的创新，融合多种元素，力求满足当下年轻人对"下饭综艺"的追求。截至2022年，该节目已经进行到第七季，在节目形式的不断创新中，相信《拜托了冰箱》能给观众带来更好的观看体验。

参考文献

［1］华施琪我国视频网站自制综艺节目的现状与发展研究[D]. 江西财经大学，2017.

［2］于佳卉. 腾讯视频自制综艺节目研究[D]. 湘潭大学，2020.

［3］李奕佳. 《拜托了冰箱》：轻访谈与快美食碰撞出的下饭综艺[J]. 西部广播电视，2017，394（2）：88.

［4］肖宏昊. 中国版《拜托了冰箱》的植入式广告传播策略[J]. 科技传播，2018，10（2）：30-31.

案例五
《忘不了餐厅》第一季节目设计宝典

一、节目简介

忘不了家族由1位明星店长、2位明星小助理、3位优秀厨师以及5位阿尔茨海默症老年服务生组成，大家共同经营一家可能会上错菜的中餐厅，开启一场遗忘与守望的温暖碰撞。

节目名称：《忘不了餐厅》第一季

节目类型：关注认知障碍的纪录观察类公益节目

播出平台及时间：

1. 腾讯视频：每周二20:00（全网独播）

2. 东方卫视：每周二21:30（卫视跟播）

节目时长：75分钟

播出频率：周播

期数：10期

拍摄地点：深圳较场尾

二、节目背景

阿尔茨海默症——老人走失的头号杀手。根据《世界阿尔茨海默症2018年报告》显示：全球每3秒就有1个人被确诊为阿尔茨海默症，中国每20个老人就有1位阿尔茨海默症患者。然而，中国阿尔茨海默症漏诊率高达70%以上。在中国人口老龄化的问题日趋明显，新时代的年轻人经常在是回家照顾父母还是在外漂泊实现人生理想的岔路口不知如何选择，"子欲养而亲不在侧"，伴随而来的矛盾和误解常常是因为相处时间缺乏和沟通方式的错误而导致的，这也成为年轻人最为担忧的问题。

三、节目特色

为了让观众关注到老年人群、关注到认知障碍，本节目采用真实还原纪录的方式，让患认知障碍的老人担任一家餐厅的服务生，与明星互动、与餐厅中的食客互动，通过三者之间相处的真实状态，来让观众看到明星和老人之间真实有爱的趣味碰撞，感受食客与老人之间的爱与理解，体会餐桌上的百态人生、平静生活下暗涌的澎湃力量。节目通过这样的方式激励老人们积极参加各种活动，认识更多人的同时融入社会，让他们知道自己不仅仅需要别人帮助，还可以帮助别人，在收获积极乐观的心态的同时也能延缓病情。

本节目更多的是挖掘人与人情感的内核，以老人生活中的真实与温情打动观众，冲破了市场上现存综艺节目的主题和制作方式，用综艺和纪录结合的方式同时融入公益和科普的元素，引发社会大众对于激发大众对认知障碍和老年群体的关注。节目被打造成综艺与科普两个功能共存的模式，通过故事的形式向观众展示患病老人的症状，将不常在综艺中出现的老年群体呈现于屏幕前，通过节目环节的设计让人感知到温暖与爱。

四、节目来源

节目源自日本一项为期三天的公益活动，该活动开设了一家"会上错菜的餐厅"，邀请了数十位阿尔兹海默症及认知障碍患者为食客服务，以此呼吁大众关注该患病群体。其后，韩国一家公司借鉴相同的理念，策划了一档只有三期的综艺节目，名为《会上错菜的餐厅》。

五、嘉宾

明星嘉宾方面节目组选择的搭配是实力派演员和新生代演员，这样的组合拓宽了节目的受众面，各个年龄层的观众都被包括在内，在提高收视率的同时也提高了这档公益节目的社会影响力。也保证了节目初期的关注度与曝光率，对节目宣传产生了积极作用。

（一）明星店长：黄渤

中国男演员，担任忘不了餐厅店长。他的实力与口碑都是娱乐圈内的标杆，同时智商情商双商在线。除了其幽默风趣的主持风格以及大众所熟知的超高情商标签外，黄渤本人的父亲也是认知障碍的患者，他希望用自己的行动来呼吁更多的人关注到这个患病老年群体。作为患者家属，他成为《忘不了餐厅》明星店长的不二人选。

（二）明星小助理

张元坤，中国男演员。其作为新生代演员，拥有贴心、细心、暖心的特点。

（三）老年服务生

5位阿尔茨海默症老年服务生是节目中不折不扣的主角，他们花样揽客，走心服务，热情陪聊，就算偶尔上错菜也是出色的服务员。节目组历时四个月，走访全中国6个城市、50多家医院、220多所机构和社区组织，从1500多位老人中最终选定5位老人参与拍摄。他们曾经拥有不同职业，修理工、教师、军人、医生等，不同的患病程度，不同的特长。

谭少珠：时年69岁，店内昵称为珠珠奶奶，曾是餐厅服务员，患轻度认知障碍1年8个月。她是一位来自广州的忘不了家族开心果，爽朗的笑声成为她的标签，餐厅里的每一个角落都留下了她的笑声。她开朗健谈，笑容里藏有治愈忧愁的天赋，哪怕顾客带着烦恼光临，遇见她都能恢复好心情。

李君沪：时年69岁，店内昵称为小敏爷爷，曾经是水电维修工人，患轻度认知障碍两年半。作为地道的上海人，形象酷似电影《飞屋环游记》中的卡尔爷爷，腼腆的笑容总是挂在脸上，他身上拥有老年人可贵的对于新鲜事物充满的好奇心和探索欲，同时拥有自己的执着。最令人印象深刻的是他那比计算器还要快的计算速度。

孙丽君：时年65岁，店内昵称为公主奶奶，曾经是妇产科医生，患阿尔兹海默症2年。来自黑龙江双鸭山的她，外在是热情大方、充满感染力的北方大姨；内在却是一位钟情各种粉色系的妙龄少女，喜欢各种各样的毛绒玩具。在餐厅中她经常教客人跳扭秧歌，还会依靠自己医生方面的专业知识为怀孕的客人解决难题。

胡公英：时年79岁，店内昵称为蒲公英奶奶，曾经是一位英语教师，患阿尔兹海默症10年。身为广州人的她，上得厅堂，琴棋书画样样精通；下得厨房，了解柴米油盐的生活琐事。她是餐厅里的"才艺担当"，经常教店里的其他老人说英语，跳恰恰舞也是她的爱好之一。

李东桥：时年81岁，店内昵称为大桥爷爷，曾经是一名军人，患轻度认知障碍1年半。作为无辣不欢的湖南人，有着军旅生活经历的他，武可上阵杀敌，文可提笔挥毫，遇事稳重，待事诚恳，什么难题都不怕。他是餐厅里的"书法担当"，做事情非常踏实和严谨。

（四）厨师

曾掌勺G20峰会菜肴的中国顶级厨师王勇，以及曾经出演过综艺节目《拜托了冰箱》、拥有一定综艺经验的小杰和罗拉。

六、节目环节设计

（一）餐厅的诞生

餐厅开张前4个月，节目组与明星店长的首次见面前。明星店长阐明接受这项餐厅工作的原因，询问其对认知障碍的认识，并请明星店长对未来餐厅的情况进行预设。节目组通过谨慎全面的筛选，最终确定5位阿尔茨海默症老年服务生，初步破除观众对患病老人的刻板印象。节目组与明星店长分享患病老人资料，从而引出5位阿尔茨海默症老年服务生的介绍宣传片。五位老年服务生分别首次亮相，通过节目组采访、家人自拍的方式进行自我介绍，展现老人的第一眼特质。以其中3位老人为重点，展示他们的生活日常与病情现状及他们患病后自己与家人的感受，并借此进行阿尔茨海默症的病情科普，建立起观众对病症的认知。用延时摄影小片展示餐厅构建过程并承上启下。节目组来到老人的家中为每一位老人送上邀请信及开业礼物——摄像机。展示各位老人收到邀请后的反应。同时老人们用节目组赠送的摄像机记录生活，与未来的"同事"们打招呼。

邀请信内容：

亲爱的×××，你好：

我们是《忘不了餐厅》筹备团队，经过层层筛选，恭喜你正式成为《忘不了餐厅》店员。

《忘不了餐厅》

××年××月××日

餐厅开张前1个月，5位老人第一次聚首，彼此打招呼，交流病情及患病感受；并表达对餐厅经营中自己的定位期待、对餐厅的期待与要求、参与节目的心愿与目的。

开业前一天，员工首聚齐：明星店长、助理、厨师与5位服务生老人首次见面，相互介绍后给各自取一个朗朗上口的昵称；同时店长带领厨师准备食材、烹饪美食；对老人进行服务培训，老人首次尝试摆餐具、上菜等工作；员工共进一餐，试菜与最终确认菜单，并为即将到来的正式营业互相加油打气。擅长书法的大桥爷爷为餐厅撰写设计宣传单，5位老人为餐厅卖力宣传，展现老人为餐厅努力的第一步。餐厅营业首日，员工各自忙碌准备：厨房做着最后的食材准备；老人们换上服务生服，认真整理餐桌餐具，也闹出小乌龙。

（二）例行晨会

每日正式开店前，明星店长带领助理和5位服务生老人一起进行晨会，总结前一日餐厅经营中的问题，分享各自的感受，同时与老人们沟通当日销售重点。

（三）主题日

策划青春日、情人节或者老人生日等主题日，并推出与主题相呼应的餐厅陈设以及新菜品，让5位老人与客人们一起上演欢乐与感动的一幕。

（四）团建日

忘不了餐厅打烊1天，第一次团建，明星店长带领老人们来到南方科技大学，体验校园生活。花式拍照、一起上课、品尝大学食堂、排练戏剧，忘不了家族"重返18岁"。第二次团建则餐厅所有员工一起与飞行嘉宾来到民宿，大唱怀旧金曲。

（五）店长角色互换

明星店长与副店长让出职位，与老人身份互换。担当起店长职责的老人们，将会处理各种各样的突发状况，从而更全方位地展现忘不了餐厅老人们的特点。

（六）1日店长

节目组邀请艺人舒淇担任飞行嘉宾，并让其担任一日店长，通过该环节向观众展示老人与最喜爱明星的暖心互动与合作。

（七）艺人担任义工

节目同时请到综艺常客高以翔、陈妍希、陈赫，充满活力的新生代说唱歌手艾福杰尼、于嘉萌以及深受中老年朋友喜爱的李玉刚、倪萍等明星来到店中，洗碗、结账、唠嗑各司其职，同时与大家分享自己的经历。该环节向观众展示出年轻艺人和老人互动的趣味化学反应。

（八）素人做客

节目组邀请到与5位阿尔茨海默症老年服务生生活相关的人物，展现感人与温情的一面。例如老人的主治医师、多年的老朋友、自己的亲人等。通过这样的方式创造故事情景，为观众讲述老人患病的真实经历，引起共鸣。

（九）科普小片

在每期节目结尾邀请专家医生作为嘉宾录制小片向观众普及阿尔茨海默症及认知障碍方面的知识，对老人病症进行解释以及科普预防方法。

（十）忘不了联欢会

在最后一天餐厅营业结束后，节目组邀请倪萍担任联欢会主持人。老人们都拿出自己的看家本领展示才艺，公主奶奶的舞蹈、大桥爷爷的朗诵、珠珠姨和蒲公英的唱歌表演……明星们也是齐力上阵，各显神通。最后大家相互道别，一起重温餐厅营业中的点点滴滴，美好的回忆将会永远留存老人们的心中。

七、餐厅装潢

餐厅整体采用开放式小院的建筑风格，装饰风格整体成白色，桌椅及柜台采用原木色，店内适当摆放绿植和鲜花，浅色的木制家具和白色边框通透的玻璃房，有着日系简约风和法式田园风的既视感，给人一种清新自然、治愈放松的感觉。店门口设置等餐位置，进门后先是一个露天小庭院，绿树将小庭院与外面的世界分隔开，在树叶后面设置隐藏摄像机位的地方。玻璃阳光屋为室内餐厅，屋内有开放式厨房，设置收银台隔间，特别注意需要设置摄像机机位暗间，通过开小窗口或设置单面镜的方式以便摄像师进行节目素材拍摄。共有6台餐桌，3张室内四人桌，2张室内两人桌，1张室外六人桌，都可以加椅子。

八、节目赞助与广告

（一）饮用水品牌

农夫山泉一直关注饮水健康，希望人们更好地理解生命、理解水，也一直在关注着老人们的健康。农夫山泉的母公司养生堂一直秉承着"养育之恩，无以为报"的品牌理念。这些都与节目呼吁社会上更多的人文关怀、重视身边老人的整体理念相吻合。

广告语："本节目由好水煮好饭，好水泡好茶的养生堂农夫山泉独家冠名播出。"其植入形式包括口播小片、个人采访立牌、节目饮用水、播出过程中右下角标志、人名条包装等。

（二）宠粮品牌

作为一家倡导情怀的企业，麦富迪一直秉承"专业才是深爱"的理念，致力于为大众传递温度，创造幸福。与节目所传达关爱和守望的态度相契合。不仅是对老人们的关爱，麦富迪特别为狗狗和猫咪们设立投食点，以自己的专业所长悉心关怀宠物们健康成长。值得一提的是麦富迪为老人们请来了在美国受过专业训练的医疗犬，在医疗犬的陪伴下，老人们的内心将在一定程度上得到安慰、缓解，更加有利于他们的生活顺心。

广告语："看得见的真肉粒，忘不了的麦富迪，本节目由国际宠粮麦富迪联合赞助播出。"其植入形式包括口播小片、将产品摆放于室外庭院内的猫窝旁、个人采访实物桌摆、品牌logo玩具熊桌摆、餐厅开放式橱柜内摆放实物、在餐厅门口流浪猫狗投喂点旁放置实物植入、情景剧小片植入等。

（三）燃气灶品牌

林内的特点是厨房智能科技，而《忘不了餐厅》所展现的是一群鲜活、真实的老人形象，向社会传递着关爱老人的社会责任感。两者的结合都立足于社会责任心，共同指向同一个愿望——关注被人们所忽视的弱势群体，为生活传递更多美好。

广告语："本节目燃气灶由百年燃气具品牌林内提供。"其植入形式包括口播小片、助理与主厨出演"洗碗"情景小片、店长与主厨出演"做菜"情景小片等。

（四）保险品牌

平安人寿作为国内保险行业领先企业，早已不再是单纯贩卖保险，而是将产品升级为呼吁健康运动的生活方式。平安人寿通过与节目合作，希望能唤醒人们对健康的关注，呼吁大家更多地理解和陪伴亲人。

广告语："本节目由中国平安人寿赞助播出，平安福全面保障，为爱守护。"其植入形式包括官方联合海报、标板、片尾鸣谢、口播小片、场景花字文案等。

（五）空调品牌

奥克斯空调的品牌理念是通过智能空调给客户构建一个舒适的工作生活环境，体现无微不至的关怀。在节目中奥克斯空调秉持着"忘不了温度"的主题与节目名称相呼应，同时也与节目关怀老人、温暖老人的理想相同。

广告语："本节目由中国南北极考察队连续五年使用产品奥克斯空调赞助播出。"其植入形式包括口播小片、餐厅内实物空调、嘉宾情景剧小片等。

九、宣传推广

（一）媒体推广渠道

1. 线下

节目开播前四天，线下召开《忘不了餐厅》发布会，邀请国家卫生健康委员会新闻发言人等各界人士一同参加，呼吁社会关爱认知障碍群体，在为节目播出预热的同时将节目的主旨传递给更多的人。

2. 线上

在微博、抖音、微信等平台注册节目官方账号。

节目开播前，通过节目微博官方账号发布节目嘉宾单人海报、节目官方宣传片进行预热；微博官方账号寻找与节目理念相契合的话题（关键词：老人、认知障碍等）进行点评讨论，引发关注从而提高节目曝光度；微博和抖音官方账号采用开业倒计时系列vlog的形式放送，使观众了解节目幕后的故事，拉近节目与观众的距离。抖音官方账号放出节目正片精彩花絮或节目拍摄幕后花絮，引发观众兴趣。

播出期间，微博官方账号分享文字"餐厅日常记录"和内容，配上节目录制过程中的温馨照片；微博官方账号利用明星的社群传播，打造私域流量池，通过节目嘉宾签名照转发抽奖的形式发起与粉丝的积极互动，从而带动节目话题讨论度；微博官方账号通过长图的形式与观众分享餐厅菜品的烹饪方法，扩大受众面；微博、抖音官方账号每期播出之前发布节目正片中有趣、感人的视频片段，激发观众参与互动话题，提高观众互动量，提高节目热度。

（二）媒体关注新闻点

1. 节目理念

《忘不了餐厅》是国内首档纪录观察类公益节目，关注认知障碍群体。节目组希望通过这档综艺呼吁社会重视起阿尔茨海默症以及老年群体，打破传统认知中阿尔茨海默症是衰老导致的记忆力下降的偏见，节目还站在患病老人的角度上促使身患阿尔茨海默症的老人们更多去参加社会活动，与其他人交谈，从而延缓病情的发展。

2. 节目模式

在《忘不了餐厅》这档综艺中，节目组几乎没有设计剧本，采用真实还原的方式将餐厅中发生的真实故事传递给观众，老人们时常会遇到一些措手不及的状况，这些都会增强节目的综艺感，同时也能够激起观众们的情感共鸣，设身处地感受阿尔茨海默症的症状。节目在综艺当中融入科普环节，让大家在老人们的真实生活中了解病症，学习应对方式，丰富了传播形式。

3. 创新人物构成模式：素人为主艺人为辅

《忘不了餐厅》创新了国内综艺节目的人物构成模式，使素人成为节目的主体，节目中的明星艺人更多是在承担照顾5位老年服务生，推动节目故事发展的任务。这一改变重新赢得了观众们的青睐，节目播出的过程中明星不再是大众舆论的焦点，而是5位平均年龄超过70岁，性格迥异的老人，他们都患有不同程度的认知障碍。年轻时的他们来自各行各业，这些立体丰满的人物特征，摆脱了传统综艺节目为节目角色设计的单一人设。

十、剪辑与包装

录制期间餐厅内的剪辑应总体按照时间顺序，尽可能真实地还原现场发生的故事，同时要放大细节，制造情绪点波动，引发观众共情。画面滤镜采用统一的暖色系滤镜，制造温暖的氛围。

VCR小片应整体呈轻松治愈的风格，剪辑时应该多以舒适的自然风光镜头为主，背景音乐主要选择放松舒缓的轻音乐，同时尽可能多地还原大自然的声音，展现画面最真实的状态。文案撰写时用精炼唯美的文字表达主题。

汉仪阿尔茨海默症体作为本次节目包装的主要艺术字字体。文字结构被合理拆解，给人一种碎片化的感觉。其设计灵感就是来自阿尔兹海默症患者一些显现出来的病症，比如认知能力减退和记忆缺失等。颜色方面主要采用天蓝色、白色和淡粉色等给人安逸清新之感。

十一、节目音乐

节目配乐采用主题曲＋插曲结合的方式，曲风均婉转悠扬，优美的音乐旋律加上温馨的画面给人一种温情治愈之感，给人以家的温暖。其中主题曲《遗忘家》由明星店长黄渤亲自演唱，插曲《时光无言》由拥有独特嗓音的女歌手胡66演唱，经常作为节目片段垫乐起到画龙点睛的作用。

十二、技术支持

（一）拍摄设备

1. 固定摄像头

需要数个不需要推拉摇移的固定景别的摄像头以及数个可通过控制面板进行推拉摇移，以更方便、全面地观察店内情况，做到全覆盖的云台。

2. 执机

数台负责餐厅内外执机拍摄和街采；数台负责营业后老人采访以及空镜场景的拍摄；1台用于拍摄延时、高速的摄像机；1台用于航拍的摄像机。

（二）音频设备

1. 无线通话

话筒发射机、无线话筒直流接收机、无线话筒胸麦头。用于艺人、老人、厨师佩戴。

2. 远程沟通设备

用于导播和游机摄像、总导演与所有工作人员、总导演与明星店长、制片团队内部的沟通。

3. 挑杆防风话筒

用于包括每个区域的环境收音、艺人、老人、厨师、顾客的收声。

4. 监听设备

三名导演需随切监听5个老人、3~4个艺人、3个厨师的麦克风。

（三）监看

导控间视频墙需要固定摄像头和值机的画面，同时这些画面都可以接近切换台，保证现场导播可以随时进行录制画面切换。

（四）保障设备

1. 存储卡及电池

每个机位至少配备四套。

2. 备份硬盘

以防数据丢失

（五）灯光

室内用可调节色温的LED灯管，室内采用暖色系灯光，主要目的是通过柔和的光线向观众传递出温馨温暖的氛围。采访间需预备采访灯光，色温偏冷。

案例六
《你好生活》节目制作宝典

一、节目介绍

（一）节目简介

《你好生活》是由央视网和央视的综艺频道来联合出品、同时联动共青团中央推出的一档新青年生活分享类节目。

节目每季12期，每期长约65分钟。截至2022年，《你好生活》已经出品共三季内容。最新出品的《你好生活》第三季，由尼格买提和撒贝宁组成的"sunny"组合邀请到来自不同行业的杰出代表，从多样的人生经历出发探讨全新的主题。从明星到素人，不同的是领域和职业，但镜头不约而同地记录下的是他们对待生活的认真与热爱。

（二）受众定位

《你好生活》节目受众主要定位为青年群体，节目组关注和倾听青年人的所思、所想、所求，聚焦于年轻人广泛讨论和关注的话题，以年轻化的语态和真诚平等交流的姿态走进青年人的内心，对年轻人进行正向积极的价值观输出。

（三）节目背景

党的十九大报告指出，中国特色的社会主义进入了新时代，我国社会主要矛盾已经转化为人民日益增长的美好生活需要和不平衡不充分的发展之间的矛盾。同时，在随着我国经济、科技的快速发展的背景下，现代人的生活和工作节奏不断加快，年轻人生活压力较大，慢综艺符合广大观众的心理需求。

寻找生活意义，探寻生活本质，提出"向生活说你好"理念的《你好生活》，既贴合时代背景，又契合当今人们的心理需求。

（四）节目理念

"人生三分之一的时间用于好好生活。"是《你好生活》的核心节目理念。节目通过舒缓的音乐、具有特色的美食和宜人的美景，联系青春、友谊和亲情等生活主题，结合灵感的火花、积极的态度和对于人生的感悟，在当今甚嚣尘上纷繁复杂的时代环境下，认真关注青年人的思考，从而深深走入年轻人内心，引导年轻人成长，推动其正向进步。

（五）节目模式

每一期节目，《你好生活》都会选择一个主题或者是意境，并以它作为该期节目的线索，由尼格买提和撒贝宁两位固定嘉宾带领飞行嘉宾去不同场景开展不同活动，让各路优秀的演员、歌手、央视主持人和素人嘉宾等结合自身生活经历，分享各自的成长智慧，从而帮助青年观众思考和体悟人生，获得进取的动力，同时找寻自己的人生意义与坐标。

每期节目叙事模式大致可以概括为点出节目主题、飞行嘉宾出场、进行活动环节和晚餐讨论总结四个部分，除了已知的步骤，还包括特有的未知节目要素，如每期不同的节目主题、设置的未知节目环节、不同的出场嘉宾和不同的拍摄地点等。

二、节目策划环节策略

（一）选题策略

每期节目的选题立意是整期节目的核心，也决定着本期节目的价值与高度。

如《你好生活》第 7 期的节目主题——"热爱"，其核心就是希望当代的青年人能够在自己短暂而有限的生命里，尽快找到属于自己的发自内心的热爱，并为之不断奋斗。

节目制作中把"熊猫放归"主题与"热爱"概念相结合，在中国熊猫研究保护中心核桃坪野化培训基地拍摄节目的活动环节。在青年嘉宾体验熊猫饲养员体验准备食物和打扫熊猫猫舍等日常工作和工作人员的介绍中，感受这些工作背后的艰辛，同时展现出在这样普通工作日复一日坚持下的热爱。在节目例行的晚餐总结部分，嘉宾们则将话题通过感慨交流延伸到自己心底对热爱的追求，从中引发观众的思考。

关于《你好生活》的每期节目选题和策划，有以下策略可供参考：

1. 面向节目受众，关注年轻群体

在每期节目策划选题时，围绕年轻人关注的话题，如"焦虑""热爱""理想""青春"等，结合每期节目内容，在嘉宾交流探索和体验过程中，对这些话题进行拓宽性的思考，给人启发。

2. 立足主流价值观，做好正向引领

节目内容选择上，将自身置身于中国的政治、文化环境之中，宣扬中华优秀传统文化，通过节目潜移默化地讲述有温度、有深度、有情怀的中国故事，提升文化自信。例如对于少数民族文化的宣传、脱贫攻坚战略成就的展示、关注留守儿童教育等相关主题的结合，向受众传达积极向上的价值观念。

3. 承担社会责任，倡导公益精神

《你好生活》在远离喧嚣，静心思考，回归乡村最本质生活的同时，也在节目内容设计上穿插各类公益活动，体现公益精神。

如第三季中的担任乡村小学的支教老师，为一个老奶奶装修年久失修的老房子和帮助乡村农民插秧等，融入公益元素，以实际行动促进社会进步，发挥节目的正向引领作用。

（二）拍摄地选择

对于《你好生活》这样一档大部分都在外景进行拍摄的旅行类慢综艺，拍摄地的选择非常重要。

例如节目中选择的北京的远郊区怀柔、海南三亚西岛、贵州习水县、新疆等，都具有自然风光优美、一定地域特色和特别的风土人情等特点。无论是少数民族的异域风情，还是大山深处远离人烟的静谧，或者是承载着特殊历史意义的拍摄地，都是节目拍摄地不错的选择。《你好生活》非常注重画面美，这样一档具有"壁纸综艺"美称的节目首先在拍摄地选择上，就要有能抓住受众眼球的特点，节目组在拍摄前应仔细慎重进行拍摄地的选择。

（三）嘉宾选择

1. 常驻嘉宾

"撒贝宁＋尼格买提"组合，即"sunny"组合。撒贝宁和尼格买提均是个人特点非常鲜明的央视主持人，撒贝宁幽默风趣同时富有内涵，尼格买提温柔细腻同时端庄稳重，二者在专业水平高的同时又存在一定的反差。在节目中，尼格买提主要承担讲述人的视角，穿针引线贯穿始终；撒贝宁则拓宽了受众视角，在节目中不断调动和活跃气氛，同时也引发受众思考，延伸节目内涵。

所以在固定嘉宾选择上，选取两位主要嘉宾作为互补组合，一位讲述者，一位补充者，这两位主要嘉宾要有一定的交情，在搭档起来有一定的契合度，同时又能擦出综艺的火花。

2. 飞行嘉宾

除了一般综艺均有的明星嘉宾，如一些演员、歌手，《你好生活》的飞行嘉宾也来自社会的各个领域。在嘉宾选择上，飞行嘉宾的年龄、职业、个人形象要与该期节目的主题相匹配。例如第一季节目中的30位飞行嘉宾中就有5位是"素人"，如中医医师杜欣颖、北大山鹰社社长魏伟，选择这样的"素人"嘉宾能更接近受众，给受众以亲切感。

其次，很多的央视主持人也出现在了《你好生活》的飞行嘉宾队伍中。官媒主持人平时严肃端庄的形象深入人心，与节目中展示的生活化、更真实的一面形成反差，同时主持人本身也自带话题和热度，具有良好的个人口碑和品牌，在给节目塑造正面形象、带来流量话题的同时又保证了节目的质量，颇具收益。

（四）节目台本制作

《你好生活》围绕本期节目的主题进行剪辑和组合，以事件发生的时间顺序向受众展开，与其他体验类的慢综艺不同的是《你好生活》每期的节目环节偏向固定，环节偏结构化。

以第三季第三期《稻田》台本为例（如表1），从台本中也不难看出，作为以体验为主的慢综艺，《你好生活》节目的环节设计十分简单，整体策划也并不以人物冲突为中心看点，而是利用环节的设置安排来推动整体进程，主要以主题和意境为节目线索，也削弱了节目安排的刻意性，整体叙事主要侧重于陈述事件和抒发情感。

表1　第三季第三期《稻田》台本

序号	部分	时长	画面	主要内容
1	片头	53秒	本期节目中的美丽空镜头剪辑	以主持人尼格买提的感悟独白引入本期主题。
2	早餐，新嘉宾互动交流	13分钟	众人一起吃早餐，同时介绍和欢迎新嘉宾	在主持人倪萍的感慨中，回顾了上期内容，同时两位主持人的互动交谈迎接新嘉宾到来。在一起吃早餐和相互交谈的过程中大家逐渐互相熟悉。
3	分配任务；种水稻	25分钟	通过抽签分配任务，嘉宾们下水插秧	众人体会插秧的不易，发出对珍惜粮食的感叹；同时撒贝宁和尼格买提的"互坑互损"也为本环节增加趣味。
4	结束种水稻的任务，开始晚餐总结讨论环节	23分钟	播放嘉宾们的劳动成果画面；播放节目组对稻田的后期回访画面	撒贝宁和尼格买提总结插秧的心得体会，发出慨叹。
			围坐用餐	聊天、探讨每个人的性格。
			唱歌互动，嘉宾们一人表演一首成名曲	每位嘉宾唱歌交流，同时发出对人生、友谊等感慨。
5	片尾	2分钟	花絮和演职员表	嘉宾们碰杯致谢节目组，以袁隆平的画像作为节目的结束。

三、赞助商选择与广告植入策略

在赞助商选择上，《你好生活》更倾向选择符合其健康生活理念的品牌，均与节目的价值思考和目标受众双重契合。且《你好生活》节目广告相较其他综艺而言比较少，赞助商选择少而精。

在广告植入方面，《你好生活》常使用话语植入，比如尼格买提的口播将产品推销给观众。也通过视觉植入广告，比如节目录制现场摆放的商品、节目角标、背景板等展示产品logo，还有许多隐形的露出方式，诸如主持人和嘉宾们身上的斜挎水瓶，下雨天时使用的雨伞，做饭时嘉宾身上穿戴的围裙，手上喝水时拿的搪瓷杯等，很自然地构成了生活化内容的一部分。通过节目体验来植入广告，比如嘉宾们在节目中使用相关商品，同时表达使用感受等。

同时广告植入上，也具有线上线下形式的衍生玩法。在《你好生活》中，首创王冰冰和贝蒂斯同框漫画，画面中Q萌可爱的互动收获了大批"冰粉"的好感。

四、拍摄环节策略

《你好生活》通过采用纪录片式的拍摄方法，尽可能在镜头前展示出明星、职业主持人和歌手等平凡、普通、生活化的一面，在消减其身上光环的同时，也拉近了嘉宾与嘉宾之间、嘉宾与受众之间的距离，使观众在观看节目时更有代入感亲切感，也更能产生情感共鸣，更能进行心灵沟通。

（一）整体原则

节目组拍摄整体遵循"真实性"原则，拍摄过程中真实地记录嘉宾之间的真情流露，展现他们之间的真挚情谊，传递正向的情感、态度和价值观念。

（二）机位设置

在拍摄的机位设置上，有担任航拍各种大全景、展示整体环境功能的无人机拍摄，有拍摄每位单人嘉宾反应镜头固定机位和跟随机位，有拍摄多位嘉宾同框的固定机位，在室内就餐环节中也有拍摄高空画面的机位频频出现，使画面更具戏剧效果。同时也有担任拍摄节目制作现场职责、拍摄节目花絮的花絮摄像灵活机动地进行拍摄工作。

（三）现场收音

在收音方面，由嘉宾领口别小麦克风进行现场收音。因为节目时常有唱歌交流的环节，节目对收音要求比较高，收音需清晰，少杂音。

（四）嘉宾妆造

在嘉宾服装和化妆风格上，要尽可能朴素自然，贴近嘉宾真实放松的生活状态，使受众感到亲切和自然。在个别特殊劳动场景，要提前准备方便劳动操作的服装。

（五）灯光设置

在室内灯光设置上，多倾向采用偏黄的暖色调进行打光，来营造温馨祥和的氛围。

五、后期制作策略

《你好生活》在节目的叙事风格和视听语言上进行了大胆创新。

节目中出现的大量的空镜头画面色彩鲜艳而美丽、整体画面轻微的过曝、旁白声温柔舒缓而富有磁性搭配轻柔悦耳的背景音乐，向受众展现了一片静谧的生活净土。

（一）文案创作

《你好生活》节目最令人眼前一亮的便是节目中频出的金句了。在片头的1分钟花絮中，不仅展现了本期拍摄地的绝美风光，同时也通过具有哲思与禅理的语句引出了节目主题。散文式的文案，诗意的语言，《你好生活》节目在文案上是需要一番精心打磨的。

（二）旁白配音

精致清新而富有哲思的文案，配上尼格买提磁性温柔的声音，让《你好生活》在节目开篇就治愈力满满。所以在后期制作环节中，引人入胜的旁白配音工作尤为重要。旁白声作为节目的引路人，略带回忆怀旧色彩，也颇具感慨意味，同时尤其富有亲和力和对话感，把受众当作一个倾听的朋友，娓娓道来。

（三）后期剪辑

《你好生活》作为一档慢综艺，在剪辑时需树立整体剪辑的观念，确定整体的剪辑风格和节奏。节目整体偏向文艺治愈的风格和舒缓轻柔的节奏。

在节目制作中，剪辑点的选择尤为重要。一般情况下，剪辑点主要依照话语的内容以及音乐的节奏、旋律进行选择，在保证画面信息和节目内容切合的同时，使画面清晰流畅，节目效果突出，表达通俗易懂而又不失幽默。

在《你好生活》节目中，一般镜头与镜头的切换不会过于频繁，不过特写镜头停留时间会比较短，全景镜头的画面则停留的时间会相对较长。节目画面尤其会出现航拍的风景和大量的空镜头，缓慢的镜头推移能让受众在欣赏美景的同时放松心情，剪辑的节奏随情节的起伏、嘉宾的情绪变化而松紧适度。

同时贴合不同平台的特点，《你好生活》也进行了不同版本的剪辑。节目组贴合央视电视版、腾讯网版和B站特色版三种风格，进行了三版的剪辑，让不同平台下具有不同观看习惯的受众更容易接受。

（四）后期包装

1. 片头

伴随着旁白声围绕主题的散文诗一般的语言，和拍摄地风景的大量空镜剪辑的长度约50秒的短片，用于引出节目主题。

2. 回忆VCR

在节目嘉宾回忆往期节目内容或者从前的人生经历时，通过将视频资料综艺化包装来制作相关短片，穿插在节目内容中来向观众解释和回顾细节并且突出节目效果。

3. 字幕

《你好生活》字幕分为后期加工的独白声手写字幕、嘉宾对话下的底端字幕和歌词字幕等，均根据不同节目需求以不同字体呈现。

其中以手写式字幕更为突出。手写式字体在尼格买提独白的旁白声下频频出现，像是一个人的日记，也像是一份记录、一封书信，总之无限拉近了节目与受众之间的距离，同时这样的字体也抒情化地贴合了节目散文式的叙事风格，使整档节目更富自由而真实的生活气息，同时每一环节结语的感慨，也用字幕独白的方式展现，也使整体叙事"形散而神不散"。

4. 包装细节

（1）《你好生活》整体包装颜色以绿色为主，既符合节目健康生活的理念，又贴近自然，风格清新。

（2）节目中涉及的知识点在画面下方制成贴纸，制作小贴士科普相关常识比如"维吾尔族礼仪科普""云上贵州的科普"等，贴纸地加入不经意间拓宽了综艺的内涵。

（3）嘉宾比较有趣的反应镜头用画面推进强调，互动镜头用绿色圆框头像开窗放出，用以放大节目戏剧效果。

（4）通过节目包装，字幕等，使后期团队与嘉宾进行吐槽式互动，使整个制作团队富有人性化，在平易近人的同时制造戏剧效果。

（5）用动画化手法夸张表现嘉宾的情绪。贴合各种场景和情节，后期制作各种动画与嘉宾的真实的形象贴合，简单而形象。

（6）节目全程背景音乐多用欢乐舒缓的古典音乐、钢琴伴奏等，贴合节目风格。

六、媒体传播与推广

（一）以真情实感和价值观输出吸引受众

作为一档以回归生活本质，感悟人生道理的慢综艺，《你好生活》自然不像别的综艺靠各种炒作来获得关注，而是靠真实的生活经历，动人的情感体验和正向的价值引领来获得受众关注。不为了博人眼球而过度炒作，在牺牲了一部分节目热度的同时，却也以高质量的节目特质促进了受众对节目的安利和推广。

（二）借助全媒体传播手段实现节目推广

在媒介融合时代，《你好生活》采用全媒体传播手段，站在平民化的低视角，借助比较年轻化语态，以平等交流的姿态与年轻人对话，从而实现央视的互联网"扩圈"式传播。除了借助主流媒体进行推广，在节目开播预热、节目热播以及最终收官的全流程，《你好生活》也同步借助豆瓣、抖音等各类新媒体平台进行推广。

（三）采用"两微一端"互动方式扩大影响力

《你好生活》采用"两微一端"的互动形式，借助客户端和微博、微信，让受众在观看节目的同时，也能够同步评论和表达自身的体会和看法，更好地引发受众共鸣，提升受众参与度，扩大节目影响力。开放观众与节目组官方账号进行互动的渠道，在节目组能及时收获良好反馈的同时，拉近了节目组与受众的距离，增加节目的互动性。

参考文献

［1］申耘箐. 《你好生活》叙事表达和价值传导的分析[J]. 西部广播电视，2020（12）：106-107.

［2］吴辰. 快消时代电视慢综艺节目的创新路径探究——以央视《你好生活》第二季为例[J]. 传播与版权，2021（11）：46-48＋52.

［3］刘露露，杨帆，陈睿. 多模态话语视阈下慢综艺的文化传播效果研究——以央视《你好生活》第二季为例[J]. 新闻世界，2021（11）：47-50.

［4］陈笑云. 体验类慢综艺叙事结构的创新发展——以《你好，生活》为例[J]. 今传媒，2021，29（3）：65-68.

［5］韩莹. 探析慢综艺发展的成功之处——以《你好，生活》为例[J]. 卫星电视与宽带多媒体，2020（6）：154-155.

文化类节目

案例七
《朗读者》第二季节目制作宝典

一、节目简介

《朗读者》是一档在央视综合频道播出的文化情感类节目。节目邀请了社会各个领域中有所作为、具有一定影响力的人物，让他们讲述自己身边发生过的与节目主题相契合的故事、朗读与主题以及自己故事有关的文章，这些动人的故事和饱含深情的朗读成功地引起了观众们的共鸣。

本节目的制作人和主持人均为央视的著名主持人董卿，节目从情感入手，通过故事的讲述和文章的朗读向观众传递文字的魅力，传达真、善、美的真挚情感，以达到教育人，提升审美能力，培养精神品质，拓宽眼界，渲染文化氛围的目的。

二、节目宗旨

《朗读者》注重"向受众传递温情和责任感，弘扬社会主流价值观，帮助国人树立文化自信。"通过娱乐化的方式，以情感为纽带、朗读为表现形式向观众传递真、善、美的价值观念，传播先进的思想理念，呼吁当代社会中忙于工作、家庭、学业的人们给阅读留出时间，在阅读中探索和发现，最终通过文化感染人、鼓舞人、教育人。

三、节目特点

（一）时新性

在每一期主题的选择上，《朗读者》第二季的节目组及时增添一些时下的热门话题，例如：器官捐赠、保护大自然等。将流行的、热门的话题和内容融入饱含深意的主题中更能引起追求新鲜事物、思想超前的青年人们的关注。

（二）创新性

跨时空朗读：各地的顶尖科学家共同朗读儒家经典《大学》；野生动物保护者、中南屋创始人黄泓翔和英国著名生物学家简·古道尔，一个在中国一个在非洲，两人一起进行了跨越时空朗读。不同地域、不同国籍但是有一定相关性的人们一同朗读，让这几场朗读充满新意，新颖的方式加上朗读者们默契地配合给观众们带来了美妙的视听享受。

开办线下朗读亭：节目还在全国各地开办线下朗读亭，鼓励人们走进朗读亭，讲述自己的故事、朗读自己喜欢的文本，并将这些故事和朗读片段剪辑成片，作为节目的一部分，融入节目中去。给观众一种平实、亲切的感觉。

（三）多元性

嘉宾的多元性：从文学家、杰出的科学家到网红作家、当红明星、"普通素人"，节目邀请的嘉宾极具多元性。社会各界嘉宾的到来有助于拓宽节目的受众面，不同年龄、不同阅历、不同个性的观众都能在节目中找到归属感，找到那个能和自己产生共鸣的人。

读本的多元性：《朗读者》第二季在文本的选择上更加自由：童话、文言文、武侠小说、畅销书……涉猎广泛的读本可以从不同角度诠释文学的魅力，尽管每次的朗读都只截取读本的一个小的片段，但是这些小的片段却能带领着不同层次的观众从不同的角度逐渐走入文学中。

四、节目嘉宾

《朗读者》的嘉宾既有大家耳熟能详的名人，也有我们身边的素人。只要嘉宾有自己的故事，他们的阅历能够引起观众的共鸣，他们身上有值得弘扬、值得学习的品质，都可以成为一名朗读者。普通人的故事更贴近电视机前观看节目的受众，身边人的身边事更容易引起我们的共鸣，这也是让节目更"接地气"更容易受到观众喜爱的方式之一。

（一）主持人

主持人需要对节目的调性进行准确地把控，这类文化类节目既没有重大事件评论类节目的严肃和庄重，也不应该有娱乐综艺节目的夸张和喧闹，而是在两者之间寻找平衡点，要充满着文化的优雅，也要能"接地气"、深入人心。因而，董卿是主持人的最佳人选，岁月的洗礼让她变得优雅，多年春晚的主持经历让她与广大观众之间的联系更加紧密。她能很好地把握住高雅和通俗之间的度，准确地传达出节目的内核。

（二）嘉宾

邀请各个领域有一定影响力的人物，领域涉及广泛，如文学、经济、艺术、科学、教育、体育等。还有一些"平凡"的工作者，他们有的坚守岗位，有的被病痛纠缠却依旧坚强，有的尽心尽力服务大众，他们虽然都是普通人，但是他们普通的生活却充满故事，充满可以与广大观众们产生共鸣的故事。

还有，节目中邀请著名钢琴家进行现场伴奏。

五、节目内容

《朗读者》为季播，共12期，《朗读者》第二季于2018年5月5日开播，每周六20：00在央视综合频道播出，最终在2018年8月4日结束。该节目同时在网络播放平台腾讯、爱奇艺进行播放。每期节目时长为90分钟。

每期节目都有一个新的主题词，节目组会邀请可以讲出与主题词有关故事的嘉宾先在访谈室与主持人进行交流，然后在朗读大厅朗读与自己故事相关的读本。节目一开始播放主持人对本期主题词的解读和线下朗读亭中与本期主题有关的朗读作为节目的引子，接着对5位嘉宾或者团体进行访谈并邀请嘉宾们进行朗读。将个人的成长发展、情感体验、传奇故事通过精美的文字以最平实的方式道出，通过对话和朗读将嘉宾心中的情感表达出来与观众产生共鸣。

六、节目流程

（1）主持人对本期主题词解读的小片；

（2）选择线下朗读亭中与本期主题词相吻合的朗读内容进行展示；

（3）嘉宾简介小片播放；

（4）主持人对嘉宾进行访谈；

（5）在嘉宾朗读前会有专家对朗读者即将朗读的文本从专业的角度进行解读；

（6）嘉宾对自己选择的文本进行朗读；

（7）节目中可能会穿插一些提前录制好的名人朗读小片；

（8）节目结束时播放本期嘉宾回顾。

七、小片内容

（1）《朗读者》的开头播放2个小片，时长为1~2分钟。第一个视频是主持人对本期节目设置的主题词的解释以及对本期嘉宾的大致介绍；第二个视频是全国各地朗读亭内朗读者朗读的与本期主题词相关内容的合集；

（2）本期嘉宾出场前会播放一个20~30秒的嘉宾介绍小片；

（3）主持人和嘉宾聊天的过程中可能会穿插一些内容介绍小片；

（4）节目中间或者结尾会播放一些明星的朗读短片；

（5）节目结尾处会播放一个结束小片，回顾本期嘉宾朗读过的文本中较有代表性的段落。

八、灯光设计

开场主持人董卿走向台前时，灯光从地面汇聚又从空中散开，营造了一种庄严、隆重的氛围。开始访谈前，董卿转身走向聊天室，灯光呈星状随着董卿的脚步缓缓散开，既能给观众一种指引前进的感觉，又可以强调主持人的位置变化。朗读者和主持人共同走向朗读大厅时，前方有从观众席上打过来的两盏聚光灯，给观众营造一种向希望前进的氛围。

在朗读者进行朗读时，朗读大厅"整体上呈现黄色的灯光效果，给人以书灯下阅读的视觉感受"。

九、舞台设计

"朗读者的舞台以欧式半圆形图书馆和西式歌剧厅环状观众席作为基本的视觉环境，而访谈室则是模拟成一个会客室一样的小房间。"图书馆和西式歌剧厅的设计让朗读变得更加正式、大气、端庄，更有仪式感，让观众有沉浸式体验的感觉。会客室的设计让与主持人交谈的朗读者能更好地敞开心扉，相较于在较大较空旷的演播室进行访谈，在会客室内交谈可以增加双方交谈的隐私性，让朗读者更加放松，使整个访谈室内的对话氛围更加温馨，为观众营造一种舒适的感觉。

"舞台呈现环绕式设计，结合每一位朗读者的朗读内容以及朗读背景"，使用不同的场景、道具来营造不同的氛围，视听结合，可以让观众更快地沉浸其中，更容易感受到朗读者想传达的情绪。当罗大佑朗读《转山》时，朗读大厅的背景不再是图书馆，变成了连绵不绝的山峦，点缀着片片雪花，大屏的动画将书中描述的情境真实再现，真正做到让受众身临其境，对朗读的内容有更深的理解。在刘烨朗读《小王子》时，观众仿佛置身于星空之中，与小王子并排坐在一起，分享着彼此的秘密。

舞台是一档节目的门面，别出心裁的设计不仅可以吸引观众的关注，还可以丰富节目的呈现形式，渲染氛围，帮助节目进行更好的情感表达。

十、音乐选取

根据朗读者们朗读的不同内容选取适当的音乐，每期邀请著名钢琴家进行现场演奏。

十一、机位设置

节目共设置19个机位。

（一）朗读大厅12个

（1）观众席上方靠后，用来提供整个舞台的大全景；

（2）舞台正前方有两个，一个在观众席最后，一个在舞台前侧，拍摄主持人全景和近景；

（3）舞台上方，远离观众的一端有一个，主要用于拍摄背影；

（4）观众席和舞台上各有一个飞猫；

（5）观众席左右有三个肩扛，用于拍摄观众的反映；

（6）舞台左侧有一个，拍摄主持人开场白时的中近景；

（7）舞台右侧有两个，分别拍摄人物的特写和钢琴家。

（二）访谈室7个

（1）访谈室内左右各有一个，拍摄主持人和朗读者近景；

（2）左侧有一个，专门拍摄朗读者特写；

（3）左侧有一个，拍摄朗读者中景，表现朗读者完整动作；

（4）左侧右侧各有一个摇臂，拍摄访谈室内全景；

（5）右侧靠中间有一个，拍摄主持人近景。

十二、受众分析

近年来，在电子设备广泛运用的同时快节奏的生活、丰富多彩的网络世界不断地吸引着大家的注意力，人们逐渐忽视了对书本的阅读。许多人渴望阅读，又害怕大部头的专著占用过多的时间，因此陷入了想读又不敢读的状态，一些人即使想阅读也不知道从何下手，选择怎样的书籍。而本节目可以帮助大家建立对书本的兴趣，朗读者的朗读以及朗读者对自己故事的讲述可以让观众产生共鸣，观众可以在朗读者的故事中找到和自己相似的故事，在朗读者朗读的内容中选择自己有感触的读本进行阅读。

（一）现实受众

涵盖各个年龄段，各个领域的喜欢阅读的或者渴望阅读的，对文字有一定爱好的人。本身就对阅读、对文字有自己热爱的受众，可能会被这种新颖的阅读形式所吸引，同时，也可能会因为某个被朗读的文本而喜欢上这个节目。

（二）潜在受众

节目的潜在受众可能是来自各个领域的生活节奏快的、渴望慢下来的工作者们。本节目邀请了各个领域的杰出人物和有故事的"普通人"，这些自带履历的人们会吸引着相应领域的或者有相同经历的人们，去聆听那些与他们有关的故事。同时，这个节目是一个慢节奏的节目，对于疲于奔波在快节奏生活里的人们很有吸引力。给那些因为生活琐事而急躁抑郁的人一个可以静下来、放松下来的时间，为他们带来内心的沉静。

节目也邀请到了一些热度比较大的艺人、网红作家等，这些人的粉丝可能会收看本节目，提升节目的收视率。这些粉丝在观看节目时也可能会发现节目中自己喜欢的点，逐渐对节目产生兴趣。

十三、宣传方式

《朗读者》开播之前在节目的官方微博、官方微信公众号平台创造＃CCTV朗读者＃话题，鼓励受众转发和关注，通过现实受众的不断转发吸引更多潜在受众的关注。

为更好地让受众参与分享，节目启用了线下活动——朗读亭。

十四、播出平台分析

本节目通过多屏协同线上线下全覆盖的模式，以台网联动，传统电视端、央视平台CCTV官网、爱奇艺、腾讯视频多平台联合播出的方式为观众提供了更多的观看渠道。

传统电视端放映有助于拓展中老年受众，这个年龄段的人更偏向于在固定的时段坐在电视机前观看节目。

当然，与很多同类型的只通过电视放映的节目不同，在新媒体平台的帮助下，《朗读者》可以最大程度地拓宽节目的覆盖面，吸引到更多的受众，比如青少年人群中习惯于通过电视观看节目的人数较少，相比坐在电视机前的观看，青少年们更愿意选择网络平台随时随地观看并通过发布弹幕的方式自由地发表自己的看法，节目组也可以通过观众自由发布的弹幕充分了解到观众的诉求，在反馈中总结经验，有利于节目进行不断的自身优化和发展。

十五、广告设计与投放

《朗读者》的独家赞助商是北汽集团。

（一）口播

"行有道，达天下，欢迎各位收看由北汽集团独家冠名播出的朗读者第二季。"

（二）角标

画面右下角有写有冠名商名字的节目名称。

在访谈室主持人与朗读者交谈时，节目名称与北汽集团汽车剪贴画以10秒和15秒的时长交替播放。

（三）扫画

朗读者介绍小片播放前有写有冠名商名字的节目名称。

（四）现场布置

访谈室内桌上摆放着北汽集团的车模，背景小屏上有写有冠名商名字的节目名称，墙上印有北汽集团的标志；

朗读大厅侧屏上有写有冠名商名字的节目名称。

参考文献

［1］厉倩. 从《朗读者》看文化类综艺节目的创新[J]. 新闻研究导刊，2017-11-10：136.

［2］吴颖. 文化类电视综艺节目的创新路径——以《朗读者》为例[J]. 青年记者，2017-10-20：67-68.

［3］王笑童. 论文化类综艺节目《朗读者》的创新性[J]. 理论观察，2021-03-20：136-138.

［4］王娟. 综艺新形态：《朗读者》创意传播研究[J]. 新闻传播，2020-11-23：40-41.

案例八
《国家宝藏》节目制作宝典

一、节目介绍

（一）节目内容

《国家宝藏》属于一档传统文化类节目，前九期中节目与国内九大顶级博物馆合作，从千万件宝物中选出三件国宝，通过演播室、纪录片、国宝守护人演绎小剧场等方式讲述国宝的前世传奇与今生故事，最后一期根据观众从往期中选出的国宝，在故宫举行国宝特展。

（二）节目基本信息

节目定位：大型文博探索类

节目受众：热爱传统文化的年轻群体

节目期数：10期

节目时长：每期90分钟

播出平台：中央电视台综艺频道（首播）、中央电视台综合频道（重播）

二、节目宗旨

不同于传统文博类综艺，《国家宝藏》强调"让国宝活起来"，旨在吸引更多的年轻观众，让他们亲身走进博物馆，通过文物感受其背后所蕴含的文化底蕴以及精神内核。

三、节目模式

（一）纪录式综艺

《国家宝藏》突破传统文化类节目的叙事模式，采用"纪录式综艺"，将纪录片和综艺两种制作手法融合应用，节目既有纪录片的内核又有综艺特色的外壳。所谓纪实，主要是整场节目中涉及的文物、讲解员、博物馆"看门人"、国宝守护人、国宝守护的经历以及明星与国宝相遇时的情境等内容，以纪实的手法、以短纪录片的形式穿插于各个环节之中。所谓综艺，是指节目在前世传奇和今生故事中使用演播室完成嘉宾访谈、现场互动等环节。

（二）小剧场

节目综合戏剧的形式，采用小剧场的方式由国宝守护人演绎所守护文物的前世故事。小剧场中所演绎的精彩片段，并不拘泥于历史事实，而是运用多种戏剧手段，突出戏剧化元素，在基于历史的事实上，产生合理化想象。通过明星演绎将沉重的历史和娱乐融合，拉近冰冷文物同观众之间的距离。

（三）节目叙事结构

《国家宝藏》整个节目采用演播室嘉宾访谈、纪录片播放、小剧场演绎相互交叉融合的结构形式。节目框架整体来看，是每期介绍三件国宝。具体每一件国宝讲述又分为如下八个部分：演播室——纪录片——演播室——小剧场——演播室——纪录片——演播室——印信、誓言。

节目摆脱传统文化类节目的说教，无论是介绍文物还是精神内涵阐释都是通过讲故事的方式展开。从开头视频里国宝守护人与文物初见；到国宝守护人在小剧场中演绎国宝的前世传奇；再到今生守护者讲述与文物相关的今生故事，这一系列的叙事线都是将知识串联在故事叙述中，做到寓教于乐。

四、节目详细环节

（一）片头

1. 演播室

节目由精心制作的30秒片头引出，独具设计的四个大字"国家宝藏"经过一番变化出现在画面中，并且包含国宝、赞助商Logo等元素。紧接着出现演播室画面，001号讲解员配合灯光以及音乐缓缓走向舞台中央，说出由节目设计的标语式广告词："让国宝活起来！这里是大型文化探索节目《国家宝藏》。"然后经过简单串场，001号讲解员介绍自己的身份以及节目投票互动规则，最终引出本期节目的主角——各家博物馆。

2. 纪录片

每期节目开始，都会有一段纪录片，由博物馆"看门人"（馆长）出镜介绍本馆的历史背景、重要藏品以及现有地位等。

制作要点：画面由博物馆全景至近景，随着镜头推近，博物馆"看门人"逐渐接近文物，出现其讲解的画面。这一段纪实作品，实景、实地、实物、实人，并且大量运用不同镜头，通过灯光技术把多种色彩交织在一起，配上适合的音乐，着重体现博物馆所属地的独特风情。

（二）前世传奇

1. 演播室

各大博物馆看门人（馆长）通过纪录片介绍完本期博物馆及馆藏文物后，节目重回演播室。由001号讲解员引导观众介绍本场节目的博物馆、所要守护的国宝及守护人。在这里讲解员不是平铺直叙，而是采用疑问的方式，引导观众，为后面即将登场的国宝守护人做铺垫。

2. 纪录片

这一段纪录片主要讲述国宝守护人与所要守护国宝的初次相遇，采用实地拍摄。国宝守护人带着守护任务来到国宝所属博物馆，然后与国宝相遇，在博物馆工作人员的帮助下认识国宝的历史和价值。明星对国宝产生了情感，手持国宝模型，郑重介绍自己，发出担任国宝守护人的心声："我是×××（具体国宝）守护人，我是××，国家宝藏，我来了"。

制作要点：画面首先是博物馆大全景，展现博物馆全貌，然后采用俯拍镜头，给观众一种代入感，接着镜头跟随国宝守护人走进博物馆。守护人由一位影视演员或歌唱演员担任，少数节目的国宝守护人由两位演员担任。并且国宝守护人通常与所守护国宝有一些关联。

3. 演播室

节目重回演播室，经过讲解员引导，明星手持特制国宝模型走向观众后方舞台，将国宝模型放进对应特制道具中。然后伴随着灯光指引，明星走向主舞台介绍自己与所守护的国宝，最终引出小剧场。

制作要点：为了让观众看清国宝全貌，画面采用360°旋转全景及特写。并且配合灯光和音乐，最终画面以酷炫的LED屏幕开启。

4. 小剧场

国宝守护人换上所守国宝对应年代的戏服，在精心装饰过的舞台上，以戏剧的形式，演绎国宝相关的传奇故事。

5. 演播室

这一环节的演播室由两部分组成：专家团评审和明星访谈。专家团由各博物馆馆长组成，并在第二演播室现场介绍小剧场中所演绎与国宝相关的多种情况，如介绍国宝的出土情况，并对国宝进行评价，总结国宝的价值和意义。专家评审结束后，国宝守护人在观众的掌声中返回演播室，开始与讲解员谈论小剧场中饰演剧中角色的感受。

（三）今生故事

1. **今生故事讲述人纪录片**

在前世故事结束后，讲解员同明星采访后适时引出今生故事讲述人的纪录片。今生故事讲述人大部分是所守国宝行业领域卓有建树的顶级专家，甚至两院院士，除此之外一般还有普通志愿讲解员。纪录片主要展示今生故事讲述人对所守护国宝的贡献，或者是国宝相关的知识和原理。

2. 演播室访谈

今生故事讲述人纪录片播放完毕后，节目重回演播室，进行今生故事讲述人的现场访谈。讲解员通过采访或者讲述人现场演示，进一步补充纪录片中的知识内容，并普及文物相关小知识。

3. 颁发印信，宣读守护人誓言

每一件国宝所有的故事讲述完成后，现场所有嘉宾需要进行颁发国宝守护人印信并宣读守护誓词的环节。每一位守护人都需要手捧印信，面对观众，自报家门，庄重而严肃地宣读国宝守护誓言。这一板块增强了观众对于国宝以及守护者的敬畏之感。

五、嘉宾选择

（一）001号讲解员

节目没有采用传统的主持人来掌控全局，而是采用001号讲解员这个身份，缓解张国立跨界主持身份的问题，又非常符合博物馆整个概念设计。

讲解员在演播室与纪录片两者之间起到承上启下的作用，保证了今生故事和前世传奇的良好衔接，使节目能够有条不紊地按照脉络进行。

（二）国宝守护人

节目希望利用明星自身的光环效应来吸引更多年轻观众收看节目。明星与国宝之间的关联以及是否契合是节目组邀请嘉宾的重要抉择标准之一。并且鉴于播出平台为央视，嘉宾多为正能量艺人。

在节目中，国宝守护人不只是简简单单介绍文物，而是通过参与小剧场演绎前世故事以及播放第一次见面的纪录片，让观众、粉丝更容易信服明星是发自内心喜爱所守护的文物，从而达到树立榜样的目的。

（三）专家守护人

专家守护人是节目中极为重要的一部分，他们拥有的专业知识以及从业经验，细微入至的讲解增强了节目的信服力和权威度。

专家的加盟也使得节目对于历史文物知识的科普更为专业，历史价值、艺术价值和文化价值的揭示更为准确，传播起来也更有力量和信服力。

（四）普通守护人

除国宝守护人与专家守护人之外，在今生故事中还有一部分普通的国宝守护人和志愿者。

这些普通的国宝守护人和志愿者既不是专业学者，也不是工艺大师，但是他们都有一颗热爱国宝、守护国宝的心。他们朴实自然的话语，给观众更多的亲切感。

六、文物

（一）九大博物馆

节目总导演于蕾在接受采访时说到一开始挑选博物馆时，是按照省份来选择，但是单院长（原故宫博物院院长）告诉她，我们国家有八大国家级重点博物馆。

于是节目组重新挑选，除国家级博物馆——故宫博物院之外，还挑选了8家省级博物馆。这九大博物馆代表了我国博物馆行业发展的第一梯队的水平，各具特色，分别代表了不同地域的历史文化和文化渊源。

（二）27件文物入选标准

作为文博类节目，除去节目邀请的各种类型的嘉宾外，最重要的就是文物本身。节目组对于挑选文物的尺度也须慎之又慎。为符合节目概念和宗旨，所选文物不一定要极其稀有，而是要尽可能拥有戏剧张力强、故事性突出的前世传奇和今生故事（见表1）。

表1　节目所选9大博物馆及所选文物

博物馆	所选文物
故宫博物院	《千里江山图》、各种釉彩大瓶、石鼓
浙江省博物馆	越王勾践剑、云梦睡虎地秦简、曾侯乙编钟
湖北省博物馆	妇好鸮尊、贾湖骨笛、云纹铜禁
陕西历史博物馆	葡萄花鸟纹银香囊、杜虎符、懿德太子墓壁画《阙楼仪仗图》
河南博物院	《洛神赋图》、铜鎏金木心马镫、《万岁通天帖》
上海博物馆	长沙窑青釉褐彩诗文执壶、辛追墓T形帛画、皿方罍
辽宁省博物馆	商鞅方升、《莲塘乳鸭图》、大克鼎
南京博物院	宁波"万工桥"、落霞式"彩凤鸣岐"七弦琴、玉琮
湖南省博物馆	大报恩寺琉璃塔拱门、《坤舆万国金图》、竹林七贤与荣启期砖画

七、视觉设计

（一）舞美设计

《国家宝藏》节目的宗旨是"让国宝活起来"，受众目标主要是年轻人。为迎合这一群体，节目的舞美设计极具现代感和科技感，采用多种高新技术，并将中国传统文化元素融入其中。

1. 9大透视冰屏柱

主舞台采用了9个活动的立柱屏幕，采用吊轨冰屏。冰屏不仅自发光且镂空，可以用作背景装饰，还能根据场景需求随意变化，使台型一下丰富起来。活动冰柱屏配合后面背景长屏幕也正好形成一静一动，以此完成表演舞台的无缝衔接。

2. 投影纱盒立方体

舞台设计中还采用了全息影像技术投影产生一个巨大的纱盒立方体。在"国宝亮相"环节中，纱盒通过重现文物的影像全貌，带给观众一种真实感。在国宝前世传奇的内容呈现中，纱盒则结合投影作为舞台独立空间或呈现场景或渲染氛围，装饰整个画面。

3. 巨型环幕

舞台设计为总长47米的巨型环幕形状，连接起地屏、投影纱盒、冰屏，形成两边延伸、中间高低错落、前后对应分布的半包裹式舞台。现场观众被包裹在其中，声音与画面汇聚在环形中央，给观众一种震撼感。

（二）舞台灯光

《国家宝藏》作为一档综艺节目，其对于灯光的要求堪比大型演唱会。鉴于节目定位，灯光最重要一点便是纯粹。灯光设计需要做到配合场景需求而变化，在满足电视观众的同时又不影响现场观众的收看，做到动静相宜。

在色彩方面，为了达到纯粹的目的，节目组大量运用白色的光，并且在小剧场时颇具戏剧感。在灯位设计上，为保证9大冰柱屏能够独立升降又能前后移动，灯的安装、装配包括控制就需格外小心，做到与9大冰柱屏完美配合。并且在观众席位上，为了与主舞台有所区分，观众席上的灯箱也做出错落有致的造型。

八、音乐

《国家宝藏》对于音乐的运用可谓是良苦用心，除主题曲《一眼千年》之外，还大量原创背景音乐和小剧场中的唱段，并且精心挑选50多首古风音乐。作为在央视平台播出的节目，《国家宝藏》一定程度代表了国家审美的最高水准，在旋律甚至乐器的选用上都是极显中国特色。

（一）原创背景音乐

节目原创了大量背景音乐，在不同场景使用（见表2）。

表2　节目原创背景音乐及使用场景

背景音乐	使用场景
《象王行》	开场曲
《风入松》	001号主旋律
《破阵乐》	嘉宾出场曲

背景音乐	使用场景
《明月引》	国宝亮相曲
《清平乐》	守护人主旋律
《潜龙跃》	前世传奇引子
《定风波》	前世传奇尾声
《满庭芳》	今生故事开篇
《鹤冲天》	今生人物出场曲
《故园声》	守护誓言曲
《少年游》	结束曲

（二）原创插曲

节目还根据历史背景创作了两首原创插曲：《帛画魂》和《仙才叹》。《帛画魂》在第六期中由著名演唱家雷佳演唱，唱出了辛追墓T形帛画的前世故事，让马王堆的辛追夫人再次重现在观众眼前。而在介绍第五期宋人摹顾恺之《洛神赋图》中，《仙才叹》分为"仙、才、叹"三个部分表达了对曹植与洛神的遗憾，悠扬的曲风令听者感到无限惋惜。

（三）精选古风音乐

除原创背景音乐和插曲之外，节目还精选了50多首古风音乐，如《唐门·唐家堡》《时间里的记忆》等。这些配乐根据剧本、剧情的需要精心编排，也很容易引起观众的共鸣。

九、营销与传播

（一）全媒体报道

节目在筹备之初，相关话题就是各大主流媒体和新媒体追逐的热点。不仅因为其制作规模之大，也因其非凡的文化价值。在传统媒体方面，节目在正式播出之前，就以项目开启仪式赚足了各种焦点，先后赢得《人民日报》等超

20家媒体40余次的大篇幅报道。除此之外，节目更是频频登上各大门户网站热榜。这些都是节目组在宣传上苦心经营的结果。

（二）多类型播出平台

节目每期在中央电视台综艺频道播出后，还会在爱奇艺、腾讯视频等各大视频网站同步上线。为满足更多年轻受众，节目还特意选择在年轻人使用次数居多的App——B站播出。除视频播出之外，节目还选择在喜马拉雅FM上以广播的形式上线，可谓做到了多类型播出平台的持续传播。

（三）互动形式

节目在设计之初，便考虑到了与观众的互动。讲解员在每期都会介绍节目互动规则，引领观众在微博、微信公众号投票来决定最终参与展演的国宝，完成与观众的互动，让观众更有参与感，也提高了受众黏性。

歌舞竞技类节目

《说唱新世代》节目制作宝典

《乘风破浪的姐姐》第一季节目制作宝典

案例九
《说唱新世代》节目制作宝典

一、节目简介

　　《说唱新世代》是由B站自制的说唱音乐类综艺，共11期，由MC HotDog热狗、Higher Brothers（马思唯&丁震）、Rich Brian担任说唱基地导师，黄子韬担任说唱基地主理人，李宇春担任BiliBili特邀见证官。该节目以"万物皆可说唱"为理念，选择召集了全国各地的说唱歌手，在"说唱基地"通过公演考察，以音乐创作和竞演表演的方式，决出为新世代发声的"世代表达者"。这部综艺自2020年8月22日开播以来就受到了广泛好评，迄今为止播放量已达6.4亿次，豆瓣评分9.1。

二、节目特点

　　《说唱新世代》是B站的首档说唱综艺，以"万物皆可说唱"为定位，与B站尊重创作、鼓励表达的理念一脉相承。也正是基于这样的理念，《说唱新世代》从节目模式、说唱内容、人物关系呈现方面都有区别于同类综艺的特点。

（一）节目模式——"饥饿游戏"般的生存竞技

　　《说唱新世代》区别于同类说唱综艺将矛盾冲突聚焦在选手之间的手段，通过设计"饥饿游戏"的方式呈现选手们和生活环境之间的冲突。说唱基地按一环、二环、三环、四环分为四个街区，每个街区的生活条件依次递减。选手需要通过比赛来确定自己所居住的街区，且每在说唱基地住一天都需要消耗一张或更多哔特币（注：哔特币是《说唱新世代》的通用货币，选手需通过公演比赛赚取）。

（二）说唱内容——"万物皆可说唱"

说唱音乐起源于黑人街头文化，在20世纪八九十年代传入了我国。一开始，说唱音乐在我国只是一种小众文化，但在2017年首档说唱垂直类综艺《中国有嘻哈》的热播，让说唱在中国吸引了一大批粉丝。而《说唱新世代》让说唱音乐有了再一次的破圈，选手们的作品反映了他们自己的生活，不空洞，情感流露自然。他们用说唱的形式喊出自己对生活的态度，一改众人以往对说唱的刻板印象，从而引起人们的共鸣。比如，于贞的《她和她的她》身边女性朋友遭受的不公对待发声，TangoZ的《Love paradise》用吴语唱出对家乡杭州的热爱，生番的《而立》用说唱展现人到而立之年的思考。《说唱新世代》的选手用说唱诉说着自己的故事，将生活融于艺术，真正践行了"keep real"的理念，反映了社会现实，节目里的歌曲才能频频出圈，引得观众好评连连。

（三）人物呈现——全面展示选手生活

《说唱新时代》从多种角度展示了选手的形象，使呈现在观众面前的人物更加具体丰满。《说唱新时代》不像普通的音乐综艺只有单纯的竞技模式，它还融合了偶像养成类、音乐选秀、真人秀节目元素。在节目录制期间，选手们都住在一个固定的空间里，所有的比赛、创作、日常生活都在这一空间中进行，这样节目组也得以记录下选手生活的方方面面，将人物展现得更立体。通过这样的手段，也展现出了选手们身上活泼、朝气、追逐梦想的一面，一改人们心中说唱歌手玩世不恭、颓废暴戾的刻板印象。

三、选手及嘉宾

（一）选手选择及定位

对于选手的选择标准，《说唱新世代》的导演严敏只说了两点要求：歌好听、有好歌。一开始选角导演们只会听选手的作品，如果歌曲能深入内心，才会再进一步去了解他。节目选角之初，背景、外形、名气等因素均被排除在外。因此《说唱新世代》的选手背景都各不相同，其中不仅有职业说唱选手，还有在校大学生和上班族，他们在节目中的表现非常出色。

（二）节目嘉宾

1. 说唱基地主理人

（1）职责：宣读规则、活跃节目气氛、对选手进行指导和点评。

（2）嘉宾：黄子韬，歌手、演员、主持人。黄子韬此前是韩国知名偶像组合EXO中的一员，这一偶像经历让他本身就自带流量和话题，在节目中很容易制造独特新奇的话题，近年来他在很多综艺中一些出圈的表现，让他有了一定的观众缘。此外，黄子韬创作的歌曲中也有说唱的元素，具有说唱的专业知识。

（3）分析：实际上在节目中，虽说黄子韬是说唱基地主理人，但他的职责和导师职责并没有特别大的区别。所以设置主理人这个角色，一方面是为了减少质疑，因为每次有音乐类节目官宣流量偶像作为主要嘉宾的时候，网友们就会出现过度赞美或过度质疑这两种较为极端的反应；另一方面也与专业说唱歌手导师进行了区分。

2. 哔哩哔哩特邀见证官

（1）职责：对选手表现进行点评、给选手投票、给予某些选手晋级特权。

（2）嘉宾：李宇春，歌手、演员、词曲创作人，2005年，"超级女声"总冠军，是最早通过选秀出道的中国艺人，有很高的知名度。她的音乐作品也得到了很多人的认可，且近年来她的音乐作品所关注的题材也逐渐丰富，与《说唱新世代》的口号"万物皆可说唱"相切合。

（3）分析：哔哩哔哩特邀见证官的设置，使得"哔哩哔哩"这一平台在节目中多次被强调，无形之中为哔哩哔哩进行了广告宣传。见证官可以给予一些失败选手晋级特权，使节目更具戏剧性。与此同时，李宇春作为选秀出道的歌手代表了流行文化，但她又不是一个专业的说唱歌手，这样她就可以站在一个非业内人士的视角上看待比赛，使节目更多元化。

3. 说唱基地导师

（1）职责：对选手进行指导和点评。

（2）嘉宾：

MC Hotdog热狗，饶舌歌手，华语饶舌音乐的标志性人物，被称为"华语嘻哈音乐教父"，专业能力认可度高。在近期参加的综艺中，他以幽默诙谐、和蔼可亲的出圈表现博得了观众的好感。

Higher Brothers（马思唯&丁震），中国内地说唱组合中的两位成员。他们的歌曲不仅在国内拥有极高人气，在国际市场中，也有不错的声誉和可观的粉丝数量。

Rich Brian，印度尼西亚说唱歌手。他的歌曲在中国和海外都有较大的影响力。

（3）分析：三位导师均是大众认可专业的说唱歌手，在专业度上让人信服。选择不同时期，不同文化背景的导师，也展现了节目开放包容的一面。

四、节目流程和赛制

（一）限时创作（选手介绍熟悉、相互了解）

选手依次进入说唱基地，进入时他们都会面临两个问题："说唱使你变得贫穷还是富有？""你希望人红还是歌红？"，他们要根据这两个问题做出选择，不同的选择会使他们走进不同的象限，一个象限的选手自动组成一队。（如图1）

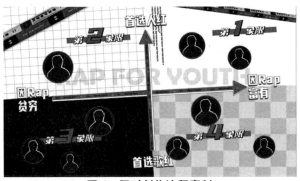

图1 限时创作流程赛制

两个半小时之内，每队每人都需要使用其所在象限的专属伴奏以及五个限定关键词，创作至少8个小节的歌词并进行集体表演，导师们从各个象限中选出最强的三个创作者给予哔特币打赏。获得哔特币最多的人将代表所在象限进行1V1对线比拼。

（二）1V1对线比拼（进行哔特币和宿舍的分配）

在上个阶段比赛中获得哔特币最多的队伍首先挑战其他象限的对手，每轮胜者继续派出代表并获得指定对手的权利，根据四个象限的胜场数来排名，选手入驻不同的街区。（如图2）

图2　1V1对线比拼流程赛制（图为节目截图）

开始每个队都有30个哔特币的资本，在每场比拼前，双方要拿出相同数量的哔特币进行对赌，胜利方将拿走失败方的哔特币。

（三）第一次公演

四位选手分为八队，但每队最多有六人。每队分别选取一个年代最有标识的时代之声，创作原创作品参加竞演，每轮两队选手竞争，胜者直接晋级，败者待定，得票最少的两支队伍将面临淘汰。

选手票数由150位大众评审团成员（其中每一位都是通过答题，并拿到80分以上的自身说唱爱好者）投出。此外导师和主理人手中还有突围唱片，可以赋予两位被淘汰的选手参加特别突围赛的资格。见证官可以拯救两位被淘汰的选手，让他们直接晋级。第一次公演结束后根据得票数重新分配住宿环境，并获得不同数量的哔特币。

（四）个人无限挑战赛

个人无限挑战，争夺24个晋级名额。每个人选取赛道，赛道越靠前，获得的奖励越多。

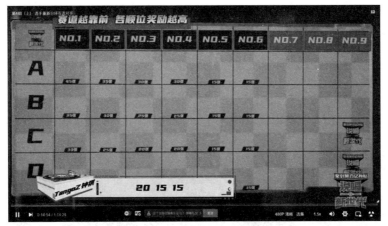

图3　个人无限挑战赛流程赛制（图片来源于节目截图）

采用无限比拼的赛制，ABCD四组的34名选手自行选择对手，两两对决，根据导师和100位现场观众的票数高低决出胜负。胜者直接晋级，败者进入待定，每一组只有6个晋级名额，共有24个晋级名额。选手可以选择和同组选手进行比拼也可以和不同组的选手比拼，用哪组名额晋级，即可获得相应的奖励。使用双向选择的方式选择对战人员，如果选择的人还有人想挑战，那么选择权利将反转。Up主观察团对待定选手投票，投票高的晋级。最终有25人晋级。

（五）突围赛

三位突围挑战者每人分别选取一位自己的对手。主理人、导师、特邀见证官在剩下的22名选手中选出6名还有待接受考验的选手。

突围赛挑战者要和自己选定的被挑战者以及导师选定的两位待考验者中任选一人，连续进行两轮比拼，挑战者两轮全部战胜，即突围成功，可晋级25

强。被挑战者与待考验者进入待定区，有一轮战败，挑战者即被淘汰出局，被考验者与待考验者也将全员安全。

每轮胜负由大众评审团、主理人导师见证官共同打分决定，100位大众评审团每人一分。每轮对战结束后，在两位选手中选择支持的一方进行投票，主理人导师见证官每人5分，共计125分，得分较高的一方获胜。

（六）极限创作挑战

25强选手在限时限主题的前提下，创作一首全新的作品，迎接下一场的公演。导师和主理人分别成为四组的主考官，每一组主考官最多只接受7个人报名。

选手必须在8小时内写一首全新的个人作品参加公演，作品完成后交给对应的主考官审核，如果未能通过审核，就会扣除一张哔特币。8小时内如果没有完成创作或没有得到主考官的认可，将被淘汰。

（七）第二次公演（25强进13强）

每轮每支战队的主理人或导师将轮流派出一名本队选手发起挑战，其他主理人或导师可以自行决定是否派出选手应战，如仅有一人应战，则直接进行比拼。胜者晋级，败者待定。若一人以上选手应战，则挑战者反选对手，进行比拼；若无人应战，挑战者直接晋级。

每支战队都有数额不等的哔特币，作为本队晋级选手的奖励。主理人或导师要给每轮派出的选手投入至少一张哔特币，若选手获胜，选手本人可获得导师投入的哔特币作为奖励，并为战队赢得对方战队投入的哔特币，用作主理人导师下一轮的投入使用。

（八）半决赛

半决赛采用说唱辩论赛的方式进行。围绕特定辩题，选手们用说唱作品展开辩论。32位Up主观察团和200位大众评审，为选手投票，每人一票，每组每位辩手需要用自己的作品为自己的立场争取现场Up主和大众评审团的票数，累计票数更多的一方获得胜利，落败的一方将全员待定。

最终胜利方票数排名前七的选手将直接晋级总决赛。而剩余一人和待定组票数前四名的选手将一同接受见证官、主理人和导师的选择，其中两人有机会晋级全国总决赛（一人由特邀见证官使用白金守护唱片选定晋级，另一人导师和主理人投票选出，获得最多突围唱片的选手将会晋级）。

（九）总决赛

所有的九强选手都要经过两轮比拼的考验，在两轮比拼中都能脱颖而出的选手，才有机会登顶冠军。

第一轮比拼，九强选手分成的三个战队，进行原创团队作品的比拼，得分最高的两支战队全员晋级，进入第二轮的角逐；得分最低的战队只有一个人可以继续前进，其他人将会失去继续角逐总冠军的资格。

第二轮八强选手将依次演唱自己的作品，得分最多的三位登上三强宝座，继续冲击总冠军。接下来将导师、主理人和见证官的打分计入大众评审投票总分中，最终总分最高的人就是总冠军。

五、节目选曲

在《说唱新世代》中，有些歌曲的主题是由节目组限定的，而有些歌曲的主题是由选手自己创作的。

（一）各个环节节目选曲方式

在限时创作环节，节目组给选手专属伴奏和限定关键词，要求选手在限定时间内使用这些素材进行创作。

1V1对线比拼则是选手用自己之前所创作的歌曲进行比拼。

第一次公演，节目组为选手们限定了伴奏，这些伴奏分别是"50年代""60年代""70年代""80年代""90年代""00年代"风格的，每队选手选择一个年代的伴奏进行创作。

个人无限挑战赛和突围赛是选手用自己的作品进行比拼。

极限创作挑战限定了大主题为"My Story（我的故事）"，此外还有四个小主题，分别是"假如还有三天生命""我那为数不多的骄傲""写给十年前的自己""我从未寄出的家书"，选手要在四个小主题中选择一个进行创作。

半决赛则采用了说唱辩论的方式，节目组给出了四个辩题，分别是"面对焦虑的年轻人应该逼自己一把还是放自己一马""智能手机是奴役我们还是给了我们自由""如果《流浪地球》中的情况真实发生，选择进入地下生存还是留在地面生活"，选手需要根据辩题创作歌曲，进行说唱辩论。

总决赛第一轮是选手根据节目组给的节奏组队创作，第二轮是选手用自己的作品进行表演。

（二）选曲特点

这样的选曲方式，不仅给了选手演唱自己作品的自由，还通过固定主题的确定保证了比赛的公平性。这样的节目设计也造就了《说唱新世代》"万物皆可说唱"的特点：女性困境、职场焦虑、情感挫折、中年危机，芸芸众生的生活细节被敏锐地撷取与拼接，直击受众，引发共鸣。"万物皆可说唱"还体现在，不同的地域文化、方言俚语、民间曲艺形式的交融，创造出更接地气、更具民族特性的表达。

比如选手于贞的《她和她和她》从女性角度切入，表达了新一代女性在社会生活中面对的不公平境遇，用欢快的旋律和写实的歌词唱响了对女性群体的关怀，引起了广泛的共鸣，还有对社会中女性话语权的思考。来自杭州的 Tangoz 通过一首《Love Paradise》（这里是杭州），用杭州的方言吴语表达了他对家乡的热爱，同时也更好地用音乐的形式传播了杭州的本土文化，并且还得到了杭州电视台的报道，为杭州城市的文化传播提供了良好渠道。第二轮比赛中汽油队的一首《We we》（我们），更是用一首经典摇滚的旋律和说唱结合，唱出了20世纪90年代世界各地的灾难和人民的遭遇，包括金融危机、柏林墙的倒塌，等真实存在的历史事件，借此传达了对和平与爱的珍惜与向往。

六、节目剪辑手法

《说唱新世代》在剪辑上使用了类似纪录片的手法，用大量的篇幅去塑造人物形象。通过这种方式，让观众记住人，并建立起粉丝黏性，从而使节目有了稳定且持久的口碑和热度。

想要达到这样的效果，剪辑时就要在人物日常表现、性格、关系的刻画上花费较多的笔墨。比如在选手离开舞台时，节目组给予了足够的镜头，甚至走反下场方向也被剪辑出来，使人物呈现立体丰满。在第六期宣布淘汰时，完整地放出了每个选手走下舞台到离场的每个动作神态，给足了每个选手镜头，虽然缺点是会导致节目的节奏拖沓，但这是一个网络综艺，每个观众手里都拥有快进键，这就把自主选择的权利交到了观众手里。

七、舞美设计

《说唱新世代》视觉总监唐焱的理念是"舞台上，永远是人最重要"。他们团队的创作原则是"如何费尽心思地做到你看起来好像没干活"，既要有设计又不能喧宾夺主，让所有东西都恰好。一旦别人都只注意到灯光舞美好看，说明幕后创作"吃掉"了选手和作品。

（一）舞台设计

节目录制场地选择了废弃工厂，从场地中放眼望去，可以看到最原生态的烟囱、厂房、废墟，比起演播厅更接地气。这样的设计让选手回到了一个更有生活气息的场景中，使创作和表演实现有机结合，更能表达出"万物皆可说唱""keep real（做真自己）"的节目理念。《说唱新时代》的演出在两个舞台上进行，其中一个呈八角笼状，主要用于选手一对一比拼；另一个舞台较大，主要用于队伍之间的比拼。

1."八角笼"舞台

在大众认知中，八角笼常常用在搏击比赛里面，但《说唱新时代》这一说唱节目使用"八角笼"舞台，营造了一种战斗氛围，但它将八角笼中的铁丝网换成了激光束，用声光电营造了一种似有似无的封闭效果这一设计，又让舞台少了一些血腥暴力。这不仅可以反映选手之间比拼的精彩激烈，还在一定程度上展示了说唱音乐中"说唱battle"的特色。

图 4 "八角笼"舞台实景（图片来源于节目截图）

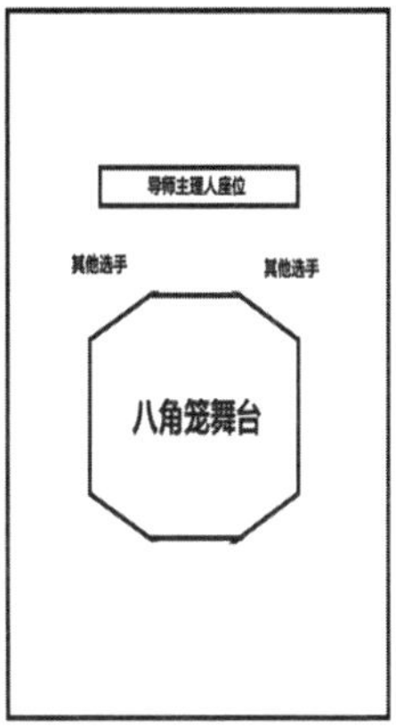

图 5 "八角笼"舞台
位置示意图

2. 公演舞台

公演舞台相对八角笼舞台来说更大，也更加开放，适合队伍之间进行比拼以及决赛等重要比赛场次的录制。

图 6 公演舞台实景（图片来源于节目截图）

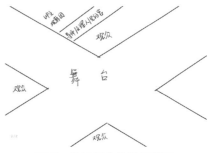

图 7 公演舞台位置示意图

（二）舞台效果

1. 灯光设计

首先，灯光设计要对每一首歌曲进行深入解读。然后要和舞台各工种老师（秀导、灯光、道具、特效、导摄等）调度人物位置、沟通表演形式。除此之外，他们还需要进行多方沟通，确定舞台整体效果，并进行模拟彩排。

2. 音响设计

《说唱新世代》非常重视音响设计。之前很多音乐节目为了美观，不希望音响设备直接出现在画面里，导致音响没有被安排在最佳位置，这在一定程度上影响了导师、参赛者和观众的视听感受。但在《说唱新世代》中，对于音响团队来说，他们的工作就是用最佳的音响设置，让选手觉得自己唱得很好听。无论客观环境有多糟糕，都要给台上演出的人以最大的自信，帮助选手顺利地完成好作品。此外，这个节目中有不少选手都是素人，有的完全没有舞台经验，如何用声音引导他们卸下包袱，享受舞台，也是音响团队的任务。

八、广告设计与投放

（一）视觉植入广告

视觉植入主要指在产品、标志、广告牌或者其他被植入的品牌所展示出来的画面，而不会出现这个品牌有关的声音。

1. 行为体验植入

在《说唱新时代》中，选手会对产品进行亲身体验，这会对受众的身心感官等方面进行一定的刺激，潜移默化地影响受众，引起受众对产品的兴趣。而比如QQ音乐广告植入就使用这种方式，当节目选手需要下载自己战队的专属伴奏时，会使用QQ音乐 App 扫描二维码，同时屏幕上会打出"听说唱，上Q音"的标语，提醒观众在QQ音乐搜索"说唱新世代"为选手解锁showtime舞台。（如图8）

图 8　showtime 舞台（图片来源于节目截图）

2. 品牌IP植入

节目的主冠名商聚划算推出了一系列小章鱼周边，在没有正式上架周边之前就让选手在节目中背上了红色章鱼包，先搭建IP基础架构。当网友让聚划算"快快上架"的呼声越来越高时，借助消费者需求持续产出，打造了一个崭新的二次元虚拟偶像形象"章鱼娘"作为聚划算章鱼包的代言人物，用代言人物阐释IP理念，更好地吸引消费者对品牌的关注，加深消费者与品牌之间的价值认同。（如图9）

图9 "章鱼娘"植入（图片来源于节目截图）

3. 现场场景植入

在《说唱新时代》中，广告的现场场景植入几乎无处不在。舞台布置、现场商品摆放、节目道具、背景板、选手宿舍的水杯、地毯、抱枕等，都随处可以见广告商的相关标识，最大程度地露出了相关品牌，给观众留下深刻印象。

4. 贴片广告

贴片广告本身是一种较为传统的广告内容植入手段，一般情况下，在原先的广告宣传片里选择一段广告内容再配上这个广告的口号。《说唱新时代》在每期节目的开头，都会将所有品牌上的贴片广告按顺序一一进行播出。比较有特色的是，节目制作将主冠名商聚划算的广告词编写成"划算划算聚划算，百亿补贴买买买"的洗脑神作"划算歌"，在每期节目开头播放聚划算百亿补贴TVC广告后，由人气选手来进行演唱，实现了节目宣传和广告植入的双赢。

5. 包装品牌植入

《说唱新时代》不仅在右下方的节目logo中融入了"聚划算"的logo，而且在花字、话框、精彩时刻锁定界面也都会出现明显的品牌图标。

（二）听觉植入广告

节目选手通过口头播报的形式，将品牌或产品宣传给其他受众。

（三）视听综合植入广告

视听综合植入广告结合了视觉和听觉系统，在画面中出现品牌标识的同时辅以声音，具备了画面和听觉上的刺激，进一步增强了品牌的识别效果。

1. 情节植入

将广告词不露声色地融入综艺剧情之中，全方位塑造品牌定位。"如果说唱让你变贫穷，那就上手机淘宝用聚划算百亿补贴"的广告词融入综艺剧情之中，毫不违和的植入方式，达到了全方位塑造"聚划算百亿补贴真划算"的品牌定位。

2. 歌曲植入

将广告赞助商编成了广告歌词，以说唱的方式呈现。比如，在《说唱新时代》总决赛的开场，选手周密演唱了《聚划算》，这首说唱歌曲将聚划算广告语和前几期节目的"梗"融合在一起，新奇有趣。而且这首歌音乐律动节奏快，歌词朗朗上口，感染力强，不仅增加了受众对于"聚划算"的印象，还对节目进行了又一次的宣传。

3. 创意情景植入

利用综艺节目中的主要角色、关系、场景及广告道具，原创一些情节，以一种搞笑夸张的形式，宣传产品的主要卖点。比如，两位选手会拍摄一段邀请对方喝早餐奶的小情景剧，生动有趣的演绎，让受众对这一产品留下深刻印象。

九、媒体推广

作为哔哩哔哩的一档自制综艺，《说唱新世代》开设"说唱新世代官方账号"进行主要推广营销,除此之外,它还在微博、抖音进行了推广。

(一)节目播出前

在节目播出前,《说唱新世代》就在新媒体平台上发起选手招募,发布导师、主理人、见证官阵容。与此同时,《说唱新世代》还发布相关话题讨论,与网友建立良好的互动,并助推B站说唱区的上线。B站说唱区上线,马思唯、Knowknow、欧阳靖等知名音乐人入驻,也为《说唱新世代》的上线造势,吸引流量。

此外,《说唱新世代》还发布宣传片,加入了土味营销的阵营。在这个宣传片里,没有炫酷、潮流的元素,也没有说唱歌手,取而代之的是十分接地气的乡村"土味"元素:场景设定在乡村,主角是乡村大爷,语言表达十分接地气。这样的设定,展现了"万物皆可说唱"的节目宗旨。

(二)节目播出期间

在节目播出期间,宣传内容以节目本身播出为主,包括前情预告、精彩花絮等;同时节目组也将现有内容进行创意延伸,比如策划抽奖活动、发起话题讨论等。其宣传形式可以分为以下几类:

图文类,包括现场剧照、创意图文、创意漫画、活动图文、创意海报等。

视频类,节目花絮视频,二次创作的趣味视频,节目卡段,节目嘉宾采访视频等。

GIF类,节目中有趣的动作截图和表情图。

互动类,转发选手动态,与选手形成良性互动,增加趣味性。

直播类,与观众进行直播交流,围绕节目进行互动。比如9月5日,节目因设备故障,第三期节目延播,于是节目组在当天的20:00进行了一场《说唱新世代》的特别直播活动,既巧妙化解了节目尴尬,又促进了观众交流。

(三)节目播出后

在节目播出后,节目的宣传推广活动也没有停止,节目官方账号持续关注选手后续状态,并帮助选手进行新歌推广。此外,这一官方账号还助推B站其他音乐综艺，形成了B站自制综艺宣传的良性循环。

但是《说唱新世代》由于前期经费不足，在宣传推广上并未投入足够的资金，导致节目一开始上线前两期播放量较低，影响范围较窄。

参考文献

［1］综艺《说唱新世代》收官，B站打造全新厂牌"W8VES"[EB/OL].[2020-11-02].https://baijiahao.baidu.com/s?id=1682242229830318661&wfr=spider&for=pc.

［2］王宁.论说唱音乐类综艺节目《说唱新世代》的成功之道[J].新闻传播，2021（8）：102-104.

［3］王雪宁.《说唱新世代》火了，B站该预习下"综N代"话题了[EB/OL].[2020-11-02]. http://www.woshipm.com/it/4240774.html.

［4］李静."万物皆可说唱"下的当代青年自我表达[N].中国艺术报，2020-09-23（003）.

［5］［6］［7］佳璇."经费有限"，极限说唱丨对话《说唱新世代》幕后团队[EB/OL]. [2020-09-30].https://mp.weixin.qq.com/s/Q64qcMhLD9VOFffTD_Rl4w.

［8］吕彦霄.网络自制综艺节目植入广告创新研究[D].河北：河北师范大学，2021.

案例十
《乘风破浪的姐姐》第一季节目制作宝典

一、节目简介

片名：《乘风破浪的姐姐》第一季。

总期数：12期。

播出时间：每周一、周五中午12点。

每期时长：约100分钟。

播出平台：湖南娱乐频道、芒果TV。

节目概要：《乘风破浪的姐姐》是一部大型女性励志网络综艺，节目将通过呈现当代30位不同女性的追梦历程、现实困境和平衡选择，让观众在过程中反观自己的选择与梦想，找到实现自身梦想最好的途径，发现实现自身价值的最佳的选择。

二、节目背景

每个女人砺砺一生，都在面对性别与年龄，生活与自己的锤问。三十岁以后，人生的见证者越来越少，但还可以自我见证，三十岁以后，所有的可能性不断褪却，但还可以越过时间、越过自己。三十而立，在时光的洗练和时代的铿锵中不断更新对世界对生命提问的能力；三十而"骊"，努力与翻越、不馁与坚信肆意笑泪、青春归位、一切过往，皆为序章，直挂云帆，乘风破浪。

三、节目宗旨

本节目将通过呈现风格迥异的30位敢于突破女性年龄30＋的舒适区，勇于面对现实困境、接受挑战的追梦历程，重新定义女性30岁＋不只是年龄的增长。

四、节目规则

（一）初评规则

1. 舞台

初评舞台无彩排、无重来机会，直接上台表演；嘉宾需接受制作团公开批评。

2. 出场顺序

选手们现场自行决定，拿到舞台前麦克风者即为下一位登场选手。

3. 打分

由三位顶级制作人现场观演并打出初评分数，制作团将从个人特质、成团潜力、声乐表现力、舞台表现四个维度评分，每项25分，总分100分，每项15为及格分。

4. 分团

制作团将根据选手的舞台表演划分为声乐团、舞蹈团、X卡牌（暂时无法确定成团方向的选手）

（二）公演规则

1. 公演选曲

第一次公演自选成团，落座团体选座区，分为三人、五人、七人分别两组成团，经过17天的训练出演风格各异的6首曲目，其中3首侧重声乐类表演，3首侧重于唱跳类表演；选手们观看6首曲目短片介绍，并进行选曲。选手们将按照初评分数，由高到低依次进行成团选座，每首歌曲阵型人数不变，选完位置。

2. 成团出道

本季总决赛将进行成团名额的抢位战，由两团姐姐角逐最终七人团出道。

总决赛分成两个部分组成，第六场公演赛及揭晓仪式，揭晓仪式就是我们的成团直播夜。七个名额的抢位将分四轮进行。第一轮，总决赛公演秀。通过现场观众喜爱度获得一个成团名额；第二轮，总决赛公演秀。通过全网观众喜爱度，获得三个成团名额；第三轮，过往的五场公演秀。通过全网观众喜爱度，获得两个成团名额（从第一场公演开始，过往的五场公演）；第四轮，两团姐姐通过全网的个人喜爱度的累积总分，获得最后一个名额。七位姐姐将进行个人喜爱度排位，优胜者成团出道。

五、舞美设计

（一）区域

1. 签到区

配备不同色号不同品牌的口红，等待姐姐们涂上颜色各异的口红，亲吻到准备好的签到卡，放置签到墙并签名纪念。每一款口红位都将在墙壁内里装备摄像机记录下姐姐们涂口红的一瞬间。

2. 服装区

每一件衣服都内置于大红色弧形试衣间，镶嵌于过道两侧以供展览参观。

3. 赛前等候区

朱红色背景墙，白色圆弧形阶梯座位，通往舞台区铺设红毯。

4. 上场等候区

由两面装有节目logo集合板形成的直角区域组成，顶部采用红光点亮节目logo，选手站于等候区中央，墙面两盏灯光，头顶白炽稍亮灯光与背部暖黄稍暗灯光，形成人物背景光，勾勒轮廓更显立体。

5. 初舞台

地板LED屏呈现蓝色与黑色融合的海浪花纹，地板中央为节目logo直指舞台中央，指向主舞台，主舞台采用船型设计，呼应着寓意乘风破浪的节目主旨。

6. 公演舞台

龙骨结构进阶成华丽双层舞台，仍寓意船上乘风破浪的姐姐们破茧成蝶一路披荆斩棘。升降舞台位于"船"的甲板位置，形成错落有致感。

7. 观众席

整体设计类似船的码头，观众长凳类比码头座位，寓意每一位观众都将迎来属于自己的船，一起乘风破浪。

8. 上场通道

颜色采用巴黎大皇宫粉绿色为灵感，展示生机，寓意姐姐们登上新的舞台获得新生，重新出发，拥有新的开始。

9. 企划室

用于制作团全程观演、选手接受点评划分成团方向。两张长形桌垂直摆放，制作评委席为银色异形桌，设置四个座位，声乐指导老师、舞台指导老师、成团指导老师、主持人依次落座，主持人一方靠近选手席，选手桌为木质梯形桌，设置一个座位；广告商品一式两份放在成团指导老师与主持人中间、另一份置于声乐指导老师面前。

10. 赛后观看区

按照 X 卡牌区、声乐区、舞蹈区三组座位。座位与背景共同采用白色。座位同赛前等候区一样，为白色圆弧形阶梯座位。

11. 团体选座区

分为三人、五人、七人三种阵式打造姐姐团这三种阵式同数对称落座，三人、五人、七人按顺序排位。座椅金属支撑腿白色椅座，白墙挂置八大节目logo海报，确保每一组座位背景精良。

（二）灯光

每位姐姐的表演配以多色的灯光，有长条发射状、光束、波光粼粼的圆形等，龙骨时期的舞台，还可以透过一根根骨架看到姐姐们的表演。现场每个人的表演灯光颜色均不同，灯光颜色选择也十分考究。不同的颜色对人的生理产生不同的刺激，舞台上通过光色及其变化渲染气氛、突出中心。

红、橙、黄主要为暖色调，温暖、热情、有刺激性，让人高兴。黑白灰、蓝、紫主要为冷色调，深沉、理智、冷静、优雅，还充满神秘。

选手上场时，除主舞台外的落地灯光呈现蓝色、紫色、玫红色交替渐变效果，主舞台上由落地四台灯光向中央斜上照亮，两台划分坐落舞台两侧，顶部三台聚光灯交汇，中间一台垂直打下，旁白两台向中间斜下聚拢，七束灯光汇聚舞台中央烘托选手上场。

（三）道具

舞台表演根据不同风格搭建不同舞台，例如营造仙气舞台，可增加干冰雾气缭绕，营造仙气飘飘的氛围；营造性感舞台，可添设雨伞、玫瑰花、水滴等道具；营造柔美舞台，可添设飘带、扇子等道具。

六、节目特色

（一）剪辑创新、后期巧思

1. 黑屏白字，戛然而止式剪辑

当嘉宾谈话陷入尴尬、费解、吵闹等状况时，迅速出现黑屏白字打断转场，这种官方吐槽同样能增加观众互动感，迅速调整节目节奏，推动节目继续进展。

2. 借力打力、承上启下式剪辑

避免流水账式记录事件，用嘉宾的话与相应情节对应，产生蒙太奇的效果。

3. 节目制作人工作过程展现

导演讲述流程的过程加入剪辑推动节目流畅进行、化妆师的工作过程展现体现艺人多元风格、节目组与评委的交谈有助于向观众解释误会、拆解矛盾、还原事件真相等，幕后工作展现到银幕上更加拉近与观众距离。

（二）赛制激烈，创新烧脑

七大名额四轮抢位，观众现场投票外，线上采取成团冲浪榜同样可以投票，给喜爱的选手或舞台进行线上投票送出"浪花"，综合三大榜单的浪花数，两个冠军候选团将争夺最后成团名额，并根据个人榜决定最终七人成团组合。

七、嘉宾设置

（一）1位成团见证人

负责旁白、主持，作为制作人与选手沟通桥梁——对标：黄晓明

（二）3位顶级制作人现场观演

杜华：乐华娱乐创始人CEO，负责点评选手成团潜力、分析选手个人特质；

赵兆：知名音乐制作人，负责点评选手音乐表现力；

陈琦沅：知名舞台秀总监，负责点评选手舞台表现力。

（三）30位选手角逐成团位

1. 人淡如菊型选手：较少上综艺节目，具有强烈反差感——对标：万茜；

2. 高龄型选手：50岁以上的女艺人仍追求突破、挑战自我——对标：钟丽缇（50岁）、伊能静（52岁）；

3. 年轻活力型选手：刚满30面对事业转型的迷茫期如何抉择——对标：金晨、蓝盈莹；

4. 女团老炮型选手：曾经为女团成员拥有丰富经验——对标：王霏霏、孟佳；

5. 实力唱将型选手：实力歌手，舞台经验丰富——对标：丁当、袁咏琳；

6. 大姐大型选手：气场强大、德高望重——对标：宁静；

7. 回归家庭重返舞台型选手：因婚姻而淡出演艺圈——对标：黄圣依、刘芸、白冰；

8. 民族风多元型选手：曲风为民族风的实力唱将——对标：阿朵；

9. 音乐剧型选手：舞台表现力强——对标：陈松伶；

10. Rap嘻哈型选手：劲歌热舞实力强劲——对标：李斯丹妮；

11. 未来感电子型选手：充满个性、电子音乐人——对标：朱婧汐；

12.性感声线型选手——对标：黄龄；

13.甜美声线型选手——对标：金莎；

14.选秀（同台选秀出身选手）型选手——对标：李斯丹妮、许飞、张含韵、郁可唯；

15.主持人型选手——对标：沈梦辰、吴昕（暗暗控场，协调秩序流程）。

八、节目流程

（一）主要流程

30位选手、1位成团见证人、3位评委上场介绍——30位选手初评级分团——4次公演——第5、6次公演决出7位选手成团

（二）分期梗概

第一期：30位选手初评级；

第二期：第一次公演前的训练，舞台成果验收考核；

第三期：第一次公演，首次淘汰选手；

第四期：第二次公演前的训练，舞台成果验收考核；

第五期：第二次公演，淘汰选手，神秘嘉宾加入；

第六期：第三次公演前的训练，舞台成果验收考核；

第七期：第三次公演，淘汰选手，踢馆选手登场；

第八期：第四次公演前的训练，舞台成果验收考核；

第九期：第四次公演，淘汰选手，帮唱嘉宾登场；

第十期：第五次公演前的训练，舞台成果验收考核；

第十一期：第五次公演；

第十二期：7人成团之夜。

（三）节目脚本

以第一期为例（见表1）。

表1　第一期节目脚本

序号	流程	总时长	时长	具体内容	画面建议	备注
1	先导片	3min	3min	先导片以旁白介绍节目初衷、嘉宾相关采访、嘉宾相关舞台表演三部分组成的短片；三部分都将围绕"女性30＋继续乘风破浪"的主旨开展。	1.旁白与短片呈现画面要有一致性，例如话落的气口适当进行剪辑切换、嘉宾采访与同一嘉宾的舞台表演统一播放等。2.关键字节可大字标识突出展现。	
2	选手集结公开名单	6min	3min	30位姐姐将在节目拍摄地湖南长沙集结，接受节目组邀请，知悉其余参赛选手名单。部分姐姐初次录影画面调试片段＋采访提问环节（对于女团的看法）。结尾回归到姐姐们对成团的向往、对梦想的追求，以承接下一部分。	人物首次出场需出现介绍浮标，包含姓名、年龄、出道时长三个信息。	1.注意公布名单时姐姐们的反应镜头；2.注意首次接受采访时的态度、反应镜头；3.注意采纳采访"对女团看法"时，与之后镜头的反差衔接。
3	片头、广告	7min	1min	节目开始片头、旁白介绍广告作为节目即将开启的预告。		
4	嘉宾陆续到场	37min	30min	15s环境空镜介绍拍摄地；以姐姐们下车走红毯为开始，嘉宾自我介绍；嘉宾选择适合自己色号的口红进行涂色签名打卡；嘉宾走至服装间确认自己的服装以及观看其他选手的服装；嘉宾选择个人专属化妆台，落座等待所有选手到齐，其间选手寒暄交流。嘉宾受访：接受节目邀约原因、是否想成为C位、对成团看法。	旁白由成团见证人黄晓明担任；嘉宾出场定格动画需设置多个标签进行刻画，如姓名、年龄、出道时长、身份、爱好、代表作等。	嘉宾进场顺序上可安排多年未见的好友、合作过的搭档等，交流可碰撞更多火花。

序号	流程	总时长	时长	具体内容	画面建议	备注
5	主持人入场	40min	3min	主持人作为成团见证人由黄晓明担任；主持人进场；主持人接受采访谈对30位姐姐的看法。		
6	化妆师入场	48min	8min	30位专属化妆师进场进行90分钟的化妆换装环节；化妆品广告的软广介绍；采访嘉宾本次配饰巧思、哪位嘉宾的服装印象最深等问题。		妆容和配饰由化妆师、造型师以及嘉宾本人参与设计体现独特美感。
7	广告	49min	1min	"姐姐小剧场"由30位嘉宾中的几位进行广告产品演绎，将播放两段剧情广告后，其余广告由口播形式放送。	两段剧情广告尽量多元不撞型，如化妆品＋饮品的推送。	
8	嘉宾前往赛前候演区	52min	3min	嘉宾化妆换装完毕，陆续进入赛前备赛区。	镜头语言着重介绍嘉宾服装，可加字幕标签介绍突出亮点。	
9	规则宣布	54min	2min	将有三位顶级制作人现场观演：杜华、赵兆、陈琦沅；首先由杜华宣布初评舞台打分规则，挑选现场反应强烈的选手进行场后采访；初评舞台无彩排无重来机会；选手陆续进行出场顺序的排位。	宣布打分规则时捕捉现场嘉宾神情，对应后期采访；制作团展示打分系统画面。	30位出场顺序会引起混乱，主持人选手需暗暗控场，提出先确定10人一组出场等方法维护秩序。

序号	流程	总时长	时长	具体内容	画面建议	备注
10	初舞台初评	155 min	介绍短片1min 表演3min 点评1min（上半期五位选手登场截至100min结束）	选手自行决定出场顺序，依次进行舞台表演。采访选手关于首个上场选手看法、压轴上场选手看法、选手表演完的心态、对他人表演的态度等问题；每位选手上台前播放其个人小片，内容包括出道经历、个人实力展示、参赛原因、家庭氛围等；选手在主舞台表演完成将在地面呈现分数，并从主舞台后方显示屏大门拉开走入企划室接受点评与分团，点评完毕选手走进赛后观看区，30位选手皆如是。	首个选手出场前展示舞台陈设、总体设计等。选手舞台开始两三个造型后浮标介绍节目内容包括节目名称、演唱者、原唱、作词、作曲、SP等；歌词部分字幕显示统一，并带有节目logo的上角标；选手表演完成后立即出分，分数将在地面LED屏上显示，展现声乐表现力、舞台表现力、成团潜力、个人特质四个维度子成绩以及总分；点评部分的剪辑可多人同时放送，增加多元性。	1.首个上场顺序可制造悬念穿插采访烘托首位选手，增加观众期待值；2.无彩排表演观察选手在缺少与舞台现场、灯光、道具、音响、走位等配合的情况下的反应；3.选曲：表演曲目原唱在场、多人撞选同一首歌。
11	自选成团	175 min	20min	第一次公演自选成团，分为落座团体选座区，三人、五人、七人分别两组成团，经过17天的训练出演风格各异的6首曲目，其中三首侧重声乐类表演，三首侧重于唱跳类表演；选手们观看六首曲目短片介绍，并进行选曲。	1.每首曲目介绍需视频展现歌词、舞蹈，浮标体现声乐难度以及舞蹈难度星级展示，五星级为最高难度。2.按照排名选择曲目时，选手画面需呈现信息条，包含姓名、分数、目前排名等。	

九、受众分析

观看《乘风破浪的姐姐》的原因分析如下，分别是娱乐消遣、追星打榜、释放压力、好奇求知、分析研究五个方面。30位自带流量与话题度的明星艺人会吸引明星个人的粉丝群体进行观看，其次湖南卫视累积的忠实粉丝群体也占本节目受众的大部分；本节目立意为30岁＋依旧奋力追梦，正能量和高热度的女性话题吸引更多女性观众的观看；还有一部分受众将从其他宣传通道慕名而来，例如微博热搜、抖音片段等。

十、经营规划

（一）广告产品选择

化妆品类、饮品类、教育类、App类。

（二）硬广

1. 标版广告

节目播出前，本节目由梵蜜琳贵妇霜独家冠名播出。

2. 节目广告

通过口播广告、贴片广告等方式呈现。例如：

（1）用户暂停时，节目界面缩小至整个屏幕左下角占据屏幕约1/8左右，广告页面铺满剩余背景，并在右下角专设"了解广告详情"的跳转链接，同时点击广告任意位置仍可跳转链接。区别于传统的屏幕中央约占据1/6的广告牌设置，该广告形式更能突出广告产品，提高曝光率。

（2）贴片广告——公众号：关注女孩别怕公众号，和姐姐们一起为女性安全保驾护航。

（三）软广

通过专属小剧场广告等方式呈现。

十一、节目宣传

（一）开播前

1. 多平台预热

短视频预告片，在开播前两个月、一个月、半个月、一周等在微博、抖音、B站等平台上发布。

2. 公开嘉宾身份引流

官方微博上发布节目简介、嘉宾预告，视频预告等相关内容并多次转发，受邀嘉宾可适当转发互动。

3. 线上线下多渠道宣传

设计节目静态、动态图片广告，投放在微博、百度等热门App首页，也可投放至线下公交车站、地铁站、购物广场广告屏等。

（二）播出时

1. 多平台投放精彩片段、花絮、高清图片。

2. 嘉宾线上互动，转发引起话题讨论度。

3. 设计节目静态、动态图片广告，投放在微博等热门App首页，也可投放至线下公交车站、地铁站、购物广场广告屏等。

（三）播出后

1. 线上观众投票复活自己喜欢的选手等，投出最喜爱的舞台为选手增加浪花值等互动。

2. 嘉宾们的衍生节目，如"乘风破浪舞"在抖音微博上的模仿秀，增加宣传度。

体育类节目

案例十一
《我家有冠军》节目制作宝典

一、节目简介

　　《我家有冠军》是一档冠军家庭访谈节目。节目采用赛后"现场连线多维访谈"与赛前"走访纪录式短片"的组合形式，邀请奥运健儿父母在赛后第一时间与他们进行连线互动（如图1），并通过记录奥运健儿的家乡父母、有意义的物件等内容深度挖掘亲情中最柔软、最难以割舍的部分，展现奥运健儿所不为人知的艰辛以及一个家庭对于奥运健儿的付出与支持，全方面认识与了解奥运健儿在赛场上、赛场下的AB两面，让观众在奥运的热闹声中感受运动家庭的烟火气。

　　节目播出日期为2021年7月26日，播出平台为腾讯视频。

图1　《我家有冠军》综艺截图

二、节目亮点

与传统记录型节目不同的是，《我家有冠军》更加注重当即感情的发掘。从十二组家庭的心路历程出发，先是前期发现运动员的闪光品质，再到比赛后爱与感动的分享，立足于"体育资讯、家庭温情、人文主义"三个方面，走近一个个奥运健儿的生活，观众们目之所及的，是奥运健儿在赛场上不畏强敌，奋力拼杀。而看不到的，是他们背后默默付出的努力，以及家人、教练给予的支持与关爱。每一位为国争光的运动员，都是有血有肉的普通人，都有着不为人知的艰辛。由此，除了对奥运会赛事、比分、金牌的传统报道，以更加轻松的方式去探寻焦点人物背后的故事、实现全民化的情感共鸣，避免宏大叙事是各大平台积极探索的内容方向。

三、嘉宾选择

十二期的嘉宾人选分别是冠军运动员侯志慧、杨舒予、吕扬、吕小军、张常宁、巩立姣、徐嘉余、施廷懋、贾一凡、刘雨辰、邹敬园、杨家玉以及他们的十二组家庭成员。

他们当中也有并非冠军的选手，如杨舒予、张常宁。但杨舒予所在的女子三人篮球项目在东京奥运会上大放异彩，创造了中国篮球项目的历史；张常宁所在的中国女排，东京奥运前期遗憾的表现带来的争议，让观众急切想要了解这支对于国民有特殊意义队伍的失利原因，让这位曾经的冠军同样能给节目带来很高的热度，也是非常合适的人选。

选人的原则，这些运动员的家庭特点具有共性——他们大多是普通家庭的孩子，父母默默地关注与支持之下藏着许多亲情的温暖小故事，也有很多不为人知的艰辛，他们和大家一样都是有血有肉的普通人。在观众看见奖牌带来的光彩背后，都是普通家庭的烟火气。

除了能够抓住情感泪点之外，这些人物还具备反差所带来的惊喜。在前期选人时，节目组发现了他们独特的反差点，如"军神"的吕小军是一位暖心的丈夫和父亲；在球场上认真帅气的杨舒予，私底下也会跟妈妈撒娇；贾一凡父女经常互怼等。这些都是他们抓人眼球的点，可以给大家带来欢乐与笑点。

四、节目流程

（一）观看比赛

每期节目都是以演播室家人与主持人一起观看运动员比赛夺冠片段开场，记录父母家人激动的反应和感动的泪水。

（二）连线运动员

连线运动员首先会以与家人打招呼开始，然后进行主持人对运动员夺冠感受的问答，以及父母与孩子之间最想说的话的交谈。

（三）短片播放

连线访谈告一段落之后，开始进行小片访谈，此时运动员结束连线，或是继续连线参与访谈。先播放一段节目组走访运动员家或相关生活训练场所（见图2），了解运动员赛前故事的短片，然后与运动员一起聊家庭故事，或是只与演播室家人进行针对短片内容的访谈。

短片拍摄内容要求从父母、家庭、成长、社会价值多维度切入，通过记录奥运健儿的家乡风景，父母平常生活工作状态，有意义的物件如送给父母的礼物、运动员小时候的照片、家里的玩偶等内容，展开对幕后故事的深度挖掘。短片形式多样并不局限于此，如侯志慧这期，节目有一个特别的设计：以奥运健儿和亲人的心愿为引子，设置"心愿主理人"去帮助实现他们的心愿，"心愿主理人"去侯志慧从小生活的老家（如图2），探寻一家人心愿相同背后的真正原因。

图2　走访家庭

图3　心愿主理人

（四）答疑分享

这一环节，主持人前期根据运动员特点准备好话题并搜集热门网友提问，和家人一起期待运动员的分享，家人也参与话题讨论。如第二期杨舒予因姐姐同样是篮球运动员，与她一同出征东京，引出询问姐姐对于杨舒予是一个怎样的存在的话题分享。

（五）游戏

为丰富环节设置，拉近与观众的距离，增加节目趣味性，节目还设置了演播室可以进行的小游戏，帮助观众理解运动员的经历和赛场体验等。如在第一期中，节目组将哑铃片和特制杠杆搬进演播室（如图4），主持人和家人一起体验侯志慧夺冠的220公斤的重量级，让观众直观地感受举重运动的了不起，还有背后常人难以想象的艰苦训练。

图4　第一期节目

（六）读信

读信是最直接的情感抒发，在这一环节中，亲人将平常羞于直接表达的情感，生活中被偷偷隐藏的思念和情绪，内心最柔软的地方用笔一字一字写在信稿中，移步至演播室小舞台，温暖读出（如图5）。让观众感受运动员家庭的不易与温暖，家庭的寄托和与普通家庭一样的烟火气。

图5　读信环节

（七）环节展示

在此将展示节目第二期的部分台本，以帮助理解节目环节的设置。

1. 引入问题：（简单问）

有什么话想要对家人说的？

与姐姐同在东京，赛前姐姐有没有给予一些指导？

【热搜话题点】（尽量都问）

成为篮球运动员经历了什么样的过程？（#杨舒予说自己一开始很抵触篮球# #杨舒予自爆差点没有成为篮球运动员#）

在练习篮球这条路上姐姐杨力维对你来说是什么样的存在？（#杨舒予说姐姐是篮球启蒙老师#）

你的微博中有很多拼乐高的内容，它是你的专属解压方式吗？（#杨舒予聊解压小秘诀#）

听说，姐姐平时和你相处起来像一个"老母亲"，是这样吗？（#杨舒予调侃姐姐像老母亲#）

现在越来越多的女生也开始打篮球，有什么好的建议给她们吗？之前姐姐微博中也提过，篮球从来都不是男生的专属，你的看法呢？

（#杨舒予给女生打篮球的建议#，#杨舒予 篮球不是男生的专属#）

2. 与父母一起互动

热搜话题点：代际沟通的话题

【主持人】在性格和比赛风格的不同，造就了两姐妹的不同体，其实他们的成长轨迹中，少不了家长对他们的教育与引导，其实就是家长与孩子代际沟通的问题。接下来，我们要给杨爸杨妈和舒予，做个小小的测试，我们搜集了网上对于两姐妹的评价，那么杨爸杨妈和舒予可以用自己的理解，来解释这些词语？

神颜姐妹花——比喻的手法，把颜值比作神仙一般，形容颜值很高，拥有高雅高贵气质与外表；

可盐可甜——既可以帅酷霸气，也可以可爱软萌，风格多样，在这些风格之间无缝切换；

姐姐，给个机会吧——希望能够给彼此一个展现的机会；

YYDS——网络流行语，即"永远的神"缩写。

3. 穿插访谈

【主持人】（拿出道具——照片对比图）本次奥运期间，杨舒予频频登上热搜，很多人都称呼她是颜值天花板，也是得分神器。我们从她的54篇微博中，挑选出了两张图片，想问一下杨舒予和妈妈，分别回答，短发造型和长发造型，觉得哪个更适合小妹呢？

（故事点：短发是在妈妈和姐姐劝说下剪的，小妹开始不愿意，后来就喜欢短发了）

五、演播室布置

节目组构建了一个模拟客厅的空间（如图6），整个演播室使用暖色的灯光，温馨的家庭沙发，一排排相框，营造出温馨的家庭氛围，让嘉宾能够在轻松自然的状态下，聊起运动员成长的经历，真实地还原运动员一步一步成长为奥运冠军的幕后故事，触达人心。

品牌元素方面，在主持人面前的桌上有泸州老窖酒瓶和立牌的摆放（如图

6），在嘉宾落座的沙发上有泸州老窖字样的抱枕。此外，在演播室的右边有一个小舞台，设置为运动员家人读信的地方，背景墙为冠名商"泸州老窖"的logo（见图6），历届奥运夺冠时刻相框交叉着暖色的灯光布置，以及其上为荣耀干杯的口号，很好地做到了品牌元素露出，且配合了节目调性。

除此之外，每一期根据家庭的特点，还设置有符合家庭风格的物品摆放，如第一期茶几上摆有一双手织毛拖鞋，符合侯志慧妈妈农村劳动妇女的形象，拉近观众与运动员家庭的距离。

灯光方面，除了丰富的演播室灯光种类，聚光灯、柔光灯、散光灯、造型灯等，还运用了常见家庭照明灯，用以衬托温馨的客厅气氛，此外，在嘉宾走向读信区时有追光（见图7.4），使大家聚拢目光于读信者身上；节目开场时，有闪烁的舞台效果灯，用于营造欢乐的开场气氛。

图6　演播室布置细节

六、拍摄录制

每期节目因嘉宾人数不同，机位设置也略有不同，大体标准统一。以第二期节目为例，节目共设置六个固定机位和一个摇臂，两台摄像机拍主持人，分别是膝盖以上中景和胸以上近景镜头；嘉宾每人一台摄像机给近景镜头，一台摄像机给嘉宾两人同框的中近景镜头，在面向电视屏幕的一边（嘉宾的侧后方）有一台摄像机给演播室全景镜头，给的画面是运动员和家人通过电视屏幕连线的全景。摇臂在节目开场时先从演播室墙的节目logo特写拉开，从高处往低处摇，框住演播室全景，在节目录制当中，从正面给嘉宾和主持人同框的全景，在节目中录制中使用较多。演播室全景的画面，除交代与运动员连线用的是侧后方的全景机位，很大一部分用的是摇臂给的全景镜头。（如图7）

图 7　节目机位镜头展示

七、营销

（一）节目优势

这档节目是体娱全方位跨界布局的创新内容，有着绝佳的营销属性：相较于体育垂直赛事本身，这种泛文娱内容更加轻松、普适，能够触及当下最广泛、主流的消费群体；而相较于纯娱乐内容，体育的主题又天生自带积极、奋斗、竞技、健康等正向价值观，对于体育领域之外的品牌主而言也是一个提升美誉度的营销机会。

（二）受众分析

对受众而言，"Z世代"目前已经是各新兴消费行业的主力军，引导着消费潮流，在体育受众中同样已经占据主流。目前3亿Z世代人群中有1.3亿体育用户，而据百度东京2020奥运会搜索大数据，"90后"和"00后"观众分别是东京奥运第一、第二大观众群体。

（三）广告赞助

赞助商选择方面，本节目的冠名品牌为泸州老窖，广告标语是"为中国荣耀干杯"，在每期的结尾都会有碰杯环节，碰杯环节台本如下：

（四）广告示例

碰杯环节：

主持人：让我们再一起回顾一下，今天杨舒予比赛的精彩画面。

（切5~10秒比赛画面，联合logo转场包装，回到现场）

［画面要求：现场摇臂从"为中国荣耀干杯"画面起，拉大框全泸州老窖发光字后，切到现场全景］

主持人：每一份为国拼搏的力量背后，更有来自小家的温暖蓄能，助力赛场上勇攀高峰，当仁不让。为顶峰相会的下一程，为中国荣耀，干杯！（话术待确认）

（碰杯动作，只碰不喝）

［画面要求：全景所有人举杯→特写碰杯→联合logo，不可出现"饮酒"或"放下酒杯"等画面］

泸州老窖为中国国家队专用庆功酒，节目秉着从小家温暖，到大家荣耀，为奥运氛围开辟了一条全新的道路，为中国荣耀干杯，契合品牌方的定位。此外，节目的行业赞助品牌是广汽丰田雷凌，在腾讯视频出品的另一档冠军访谈节目《那一天》中，也有汽车品牌的赞助。

参考文献

[1] 搜狐 深度文娱, 打造多元奥运内容, 深度挖掘心路历程, 《我家有冠军》如何凭借创意吸睛？https://www.sohu.com/na/481693089_100262971.

[2] 腾讯网 读娱, 在大赛齐聚的2022中, 寻觅泛文娱营销 "黄金爆点" https://view.inews.qq.com/k/20211104A0DEYS00?web_channel=wap&openApp=false&pgv_ref=baidutw.

案例十二
《这！就是灌篮》节目制作宝典

一、节目简介

《这！就是灌篮》是一档青春篮球成长竞技原创真人秀节目。节目关注篮球文化与青年潮流的碰撞，以青春、热血、拼搏、奋斗为主旋律，集聚来自不同年龄、性别、国籍、职业、身份的一百多位热爱篮球的青年，设置球队经理人、教练、领队等角色领导球员比赛。通过多轮激烈的篮球对战，最终在篮球少年们中角逐出本季MVP。

二、节目宗旨

篮球是一项老少皆宜的大众运动，具有广泛的群众基础，《灌篮高手》的动漫是许多人年少时的回忆，它承载了许多人的青春与梦想，因篮球点燃的拼搏精神是在青春里闪闪发光的回忆。灌篮是篮球比赛中一种常见的得分手段，也是一种最刺激、最能提高观众情绪的打法。

《这！就是灌篮》通过篮球运动带动全民运动热潮，展示年轻人的潮流文化和新时代青年积极向上的精神面貌。节目将热爱篮球的人齐聚一堂，不分性别、年龄、国籍，通过职业与职业、职业与草根、草根与草根职业篮球选手和草根篮球选手之间的竞争和对抗，普及篮球文化，展现顽强拼搏的精神和对梦想不抛弃不放弃的坚持，讲述篮球追梦人的故事，传递出篮球运动"青春、热血、拼搏、奋斗"的正能量。

三、角色选定与职责

（一）主持人

对于主持人的知名度和影响力没有要求，但他需具备主持人的基本素养，了解篮球项目，能够调动节目气氛，有篮球主持的有关经历。在节目中起到介绍嘉宾、球员出场，介绍比赛规则等作用。

（二）比赛解说（MC）

对篮球运动的规则有深刻理解，有篮球比赛解说、MC的经历，其解说词能点燃现场气氛，不懂篮球的观众也能理解比赛，了解比赛的进程和场上的局面。

（三）嘉宾选择

1. 球队经理人

节目需要有一位篮球发起人，该发起人要对篮球项目有所了解，包括对当前篮球领域的发展现状、参与节目的选手和教练等情况，同时，在篮球领域需要具有一定影响力和知名度。此外，需要有一定的控场能力，有综艺感，能把控节目的节奏。

2. 战队教练

数量为四位。

篮球界大咖，曾是教练或球员，有国民度和行业可信度，自身具有一定口碑和话题点，在篮球领域有一定的粉丝基数，对篮球有自己的态度和见解。可选择年轻的和年长的各两位，形成篮球新老交替的对话，使节目更具层次感。

3. 球队领队

数量为四位。

流量明星为宜，有一定的粉丝基数。对篮球项目不需要特别了解，但要能和选手有很好的沟通和交流，在海选阶段与教练一同起到拉拢球员的作用，能用自身经历对选手进行教导，在日常生活中对选手给予学习态度等方面的指导，有较强的人际交往能力。

（四）选手选择

数量为100到160位，根据节目赛制和当年篮球领域发展情况而定。

不限年龄、国籍、性别、专业，选择范围从高中生球员、大学生球员、职业球员、街球球员到普通的篮球爱好者，热爱篮球为首要条件，篮球技术为次要条件。

考虑到节目的观看群体，在选择选手时，可选择一些阳光活力、青春帅气的选手，吸引更多人对节目的关注。

四、环节设计

（一）选拔机制

表1　《这！就是灌篮》第一季赛制提供参考

序号	赛段	晋级	形式
1	主球场挑战赛	60进40	根据面试表现，领队和教练为球员颁发晋级徽章。获得晋级徽章的球员，根据徽章上的号码顺序，可在剩余球员中选择3V3挑战赛的队友。
2	阵营组建	40进30	嘉宾分成2组进行接力投篮对抗比赛，比赛中胜利者拥有优先选人权。嘉宾先选择自己想要的球员，同时球员选择自己的理想阵营。若嘉宾和球员的选择匹配成功，则球员进入该阵营；反之，球员待定，等待补选；最终未选球员淘汰。
3	阵营战	30进25	四队分为两个阵营，两个阵营轮流作为主场和对方展开5V5对决，主场球队可以自行制定一条特殊赛规，此赛规对双方同时有效，失败球队淘汰5名球员。
4	"魔王"对抗赛	25进20	外援分别加入两方阵营，参与5打5对抗赛，失败的一方需要淘汰球员。

序号	赛段	晋级	形式
5	铁笼赛	20进15	此赛段共有两轮比赛，第一轮比赛中，两大阵营需轮流担任进攻和防守的一方，在25分钟时间内，5名球员代表进攻阵营出战，与防守阵营的球员进行1对1或2对2的对决，进攻和防守的球员需要有所区别，并且在确定后则不能改变。第一轮比赛结束后，两个阵营的分数差值是第二轮的基础分，第二轮为5打5，该轮比赛结果是本赛段的最终成绩，失败阵营淘汰5人。
6	半决赛	15进10	晋级球员不足5人的阵营则全队集体团灭。
7	总决赛	决出总冠军球队	两大阵营进行三场5V5对决，对决中得分高者胜；获得两场胜利的阵营，成为总冠军球队。

（二）固定环节

选手、导师和领队出场，主持人介绍赛制；

分阶段进行比赛，领队和教练录取和淘汰，球员发表获胜或失败感言；

赛前教练带本队球员训练，球队经理人和领队到现场考察。

五、脚本台词

表2　以第一季第一期为例

时长	主题	内容	备注
15s	片头＋广告	本期节目由……独家冠名，由……联合特约，由……官方互动支持	品牌露出
1～2min	嘉宾介绍	简单介绍球队经理人、球队教练、领队的VCR	
1～2min	录制场地介绍	录制场地的外景和内景，航拍镜头，选手喊出口号，"《这！就是灌篮》，我们来啦！"	

时长	主题	内容	备注
3min	球队领队、主持人、嘉宾、选手出场	1.主持人介绍出场：主持人："欢迎来到《这就是灌篮》篮球公园，……，你们准备好了吗！想和谁并肩作战啊～让我们欢迎……"（介绍嘉宾过程中穿插嘉宾15sVCR） 2.嘉宾出场：选手站在过道两侧，和嘉宾击掌。 VCR内容： 1号嘉宾："不打篮球就交不到朋友，够喜欢够享受才够帅" 2号嘉宾："篮球世界顺风不浪，逆风不怂" 3号嘉宾："很多人还是不知道我真正是谁，如果你不能防我的优点，那我就一直用我的优点" 4号嘉宾："不够聪明不够好，一直到今天也还有很多质疑，可我一直不认命"。	主持人调动现场气氛，引出节目内核；嘉宾小片的文案要有"燃""炸"的效果。在嘉宾出场后，插入选手对嘉宾的期待和点评。
2min30s		主持人：在接下来的节目中，四大领队将形成两大对战阵营，你想加入……战队还是……战队。首先要来问一下四位领队，在这个夏天你们想要找一个什么样的队员？ 领队回应。 主持人：所以四位领队要找的人在不在现场？待会我们赛场上见！	可以和嘉宾提前沟通，同时在每个嘉宾说出标准后附上小片采访，关于选择这样的球员的原因。
55s	广告	赞助商广告VCR	
5min	介绍第一期规则，第一组球员上场	主持人：这一轮的比赛我们分为一对一战、3对3团战，球员是自行选择是单人参加1对1比赛还是组队一起参加3对3比赛，……（规则介绍），请在我倒数5秒之后上场抢球。想要挑战×××（球员名字）的，在我数到3之后，站到我们的球场内。 随后，嘉宾和选手互动，选手放狠话环节。	灯光配合，在球员抢球时可将现场灯灭，只打一束聚光灯追踪球员

时长	主题	内容	备注
1min20s	介绍裁判、MC以及1V1个人战规则	主持人：今天要开始我们第一轮的对决，首先要介绍的是我们今天的专业裁判×××（名字）。 播放规则讲解小片，接下来就把现场交给我们专业的赛事解说MC×××（名字）。 VCR小片： 1对1二人对战，先拿下11分或者4分钟内限时分数最高者获胜。计分标准，三分线内投球算2分，三分线外投球算3分，罚球算1分。	VCR小片风格呈现为漫画风
30min	1V1的第一、二组的比赛，导师颁发球衣	队员比赛，在比赛过程中MC进行解说，赛后导师颁发球衣，决定选手去留。 每轮比赛之间的衔接话术大致为：下一组上场的请准备，抢球，想挑战的请上场，×××（名字）球员需要选择对手。 球员赛后分享赛后心情和感受感受，导师点评。	每次抢球都打聚光灯，球员上场配球员小片介绍
15s	广告	选手出镜品牌方广告	
10min	场间休息	主持人：所有球员注意一下，原地休息10分钟。 场间休息期间，导师可与球员互动。	
视比赛情况	1V1比赛	队员比赛，在比赛过程中MC进行解说，赛后导师颁发球衣，决定选手去留。 每轮比赛之间的衔接话术大致为：下一组上场的请准备，抢球，想挑战的请上场，×××（名字）球员需要选择对手。 球员赛后分享赛后心情和感受感受，导师点评。	
30s	广告	赞助商广告VCR	
7min	扣篮大赛	1号导师：我做梦的时候有时梦到扣篮，那是一个什么样的感觉。现在所有的选手里面，有谁是扣篮特别厉害的吗？谁来扣一个。……有谁扣的比他好的，我会给他一件球衣。 选手们轮流上场挑战，导师颁发球衣。	

续表

时长	主题	内容	备注
视比赛情况	3V3比赛	2号导师：现在我们来进行3V3比赛。 VCR小片： 3对3，两支三人小队展开对决，先拿下21分或者6分钟限时内分数越高的队伍获胜，×××请选择领队球衣，介绍一下你们队的成员。 接下来一直重复此流程，话术上可有变化。	
50s	广告		
3min	下期预告		

六、视觉设置

《这！就是灌篮》的场地设计和舞美布置是节目的一大特色，篮球场地是节目的录制中心和主要用地。节目录制场地以实景搭建为主，包含主场馆、街头等部分，整体设计风格偏向街头风格，具有篮球运动的爆发力和力量感。

（一）场地设计

1. 面积

3000~5000平方米，需要搭建室内篮球场、街区等。

2. 造型

主场馆的设计充满篮球元素，处处体现无所畏惧的篮球精神。场地设计成篮球场，形成类似古罗马竞技场高大耸立的巨大篮网造型球馆，利用钢架设置架空的环廊观景平台环绕其间，场景装置高度还原街球风格。

3. 场地分区

场地中间为篮球场，选手们围坐在篮球场边线两边，符合街球自由的气氛。导师位置在篮筐后较高处，但与选手位置不远，亲近选手，没有距离感。观众位置在选手区旁边。整个分区没有明显界限，符合节目年轻、热血的调性。

（二）舞美风格

主要采用"赛博朋克"风格舞美，贴近年轻人潮流。大量使用二次元涂鸦、路牌提示、霓虹灯等实物置景，高低错落，还原街球风格，体现未来感。同时，根据节目调性，选用热血、青春、激情的体育元素装饰现场，将录制现场的门和出场隧道等使用屏幕做指示牌。并且，篮球比赛的场地对灯光有一定的要求，如何在明亮的照明条件下呈现出固有颜色的质感需要细细考量。

（三）视觉设计

在确定舞美设计的整体基调后，视觉设计应全力配合舞美，比如可以先出部分视觉效果，将设计好的图片、视频等资源放到屏幕上进行呈现。

（四）灯光设计

由于节目大部分内容是由对抗和比赛组成，在进行灯光设计时，既要考虑到正规篮球比赛时候的灯光效果，不会因为灯光的原因影响球员发挥，同时又要满足拍摄的灯光效果。灯光设计和舞美设计需要一同提前到现场进行实地考察，在舞美设计复杂的情况下，灯光需要与舞美和其余视觉设计紧密配合。

场馆内灯光环境复杂，在使用灯具数量多的情况下，应分区域进行灯光控制，主要分主体景片、比赛照明、晋级区、评审区、观众区、环境光等部分。善于利用不同功能的灯具，对不同的场景进行灯光塑造。同时，根据每个时间段节目进行的内容不同，灯光布置应有所不同，比如在比赛间隙，布灯应编织成"光束篮网"，在评审区和晋级区等特定区域应用适合的灯具进行景片补强。

（五）音响设计

视觉和听觉同步是节目录制的基本要求，基于此，音响系统显得尤为重要。节目的音响设计包含了现场扩声系统、棚内真人秀系统、外拍真人秀系统、编剧监听和多轨录音系统等五大部分。

篮球比赛环节和真人秀录制是本次音响制作部分的重点。其中，现场扩声部分的重点是语言的清晰度。在比赛环节，全场观众不仅要听清MC的解说，还要有音乐的动态。同时，现场应收录观众的掌声、运球及投篮的声音、球入球筐的声音等，需在地面及篮筐等部分设置音效话筒。

为减少杂音，麦克风外层应加上话筒套，以避免在球员运动过程中产生摩擦声。同时，现场人员复杂，面对音响系统在现场需实时监听的话筒通道话筒多且监听位置距主棚控台距离较远的情况时，可将话筒改用数字信号，利用光纤传输到监听房，保障远距离传输的需求和稳定。

七、现场录制要点

（一）现场观众

节目现场观众选择的首要条件为热爱篮球，了解篮球比赛的规则。为更好烘托现场的篮球氛围，在现场录制时，节目组可为观众统一发放球衣。同时，现场导演在录制过程中应根据情况调动场边观众的情绪，在球员有精彩表现时做出反应。

（二）各岗位配合

由于录制场地较大，录制过程中比赛和对抗占大部分，选手座位自由，可随时站立，在比赛结束时可以冲上球场，再加上MC的声音和音乐，录制现场气氛燃爆，会比较吵闹，现场的沟通显得尤为重要。导演、编剧和各音频、灯光、导播等系统需密切配合，与教练、领队等现场嘉宾随时沟通。当现场出现紧急情况时迅速做出反应，及时控场。在每一次录制结束后，制作团队也应对自身工作进行复盘，以便下次更好地录制。

1. 总导演

导演不仅需要掌握篮球规则等知识，对篮球文化、街球文化也需有深入的理解。虽然这是一档体育类综艺，但其在根本上还是对人性的剖析和对篮球文化的展示和传播。这不仅要求导演掌握视听语言等专业技巧，还需在录制过程中融入自己对篮球的理解，更具故事性和人情味。

2. 编剧

节目配备10～20个编剧，这要求编剧对自己所负责的选手从篮球风格到个人成长经历和性格都有深入的了解，随着节目进程的发展，根据不同选手的个性来制造节目的冲突点，凸显戏剧性。

3. 节目顾问

节目具有较强的专业壁垒，为避免一些原则性上的错误，节目需要安排篮球训练、球员选秀、运动康复等方面的顾问，以保证节目的专业性。

（三）摄像安排

由于篮球场占据拍摄场地的大部分，同时场地上人员活动灵活、比赛和对抗占据节目大部分内容，在摄像的设置上需要更加小心谨慎。

在拍摄比赛时，最低要求需按照最简单的篮球比赛的拍摄手法，即设置5个机位，1号机保比赛的全场内容，让观众能看清战术，2号机给关键球员进行，3、4号机位为篮下机位，拍摄球员进球、罚篮，5号机为场边机位，可以给场上球员特写、教练、观众特写。

当然，机位不止这5个，节目本质上是一档综艺，更多的是要讲述人的故事，应再增加1~2台机器给场上球员特写，拍出比赛的对抗性和激烈程度，同时多给场边选手镜头，捕捉到他们对比赛的点评和观看比赛的反应，使人物形象更鲜活。

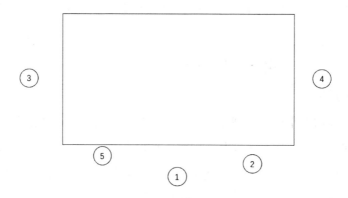

图1　篮球比赛机位设置

八、广告设计

（一）硬广

1. 标版广告

节目正式开始前，本节目由×××独家冠名播出，本节目由×××特约赞助播出。

2. 贴片广告

为所有赞助商设计贴片广告，拍摄小片，将品牌方需求与节目特点融合。

（二）软广

1. 演播室主持人开场口播：

欢迎来到由×××（品牌方名称）独家冠名的《这！就是灌篮》，同时感谢×××等对本节目的大力支持，在每一个品牌方名称结束后都加上品牌方slogan，节目的开头与结尾都进行口播。

2. 节目包装

节目花字、屏幕右下角角标均可露出品牌方logo。

3. 节目现场

节目现场导师座位背后放置的"这！就是灌篮"大logo周围可摆放品牌方logo模型，在摄像机正对的机位最佳。

4. 广告小片

导师等明星嘉宾及选手配合品牌方广告录制，小片需与节目整体配色和风格相符合。

九、后期剪辑

（一）注意剪辑的逻辑顺序

1. 篮球比赛的逻辑

由于节目大部分由篮球比赛构成，这要求后期剪辑需具备专业的篮球知识，能够理清比赛的顺序和节奏，突出比赛的亮点，同时，攻防转换不能突兀，也不能出现上一秒还在运球下一秒球就进了这样的镜头。

考虑到篮球比赛的专业性，同时让观众更清楚地明白比赛内容，应在相应时刻标注出篮球的技术动作（比如欧洲步等）、战术名称（挡拆等），在比赛全程也应有比分显示。

2. 节目流程的逻辑

节目规则、选手的晋级和淘汰机制都有一定逻辑。

（二）偏年轻化、潮流化，可采用漫画风的剪辑风格

节目定位是一档青春篮球成长竞技原创真人秀节目，受众主要为篮球爱好者、热爱运动的人和18～28岁的年轻群体。在剪辑方面整个节奏应轻松活泼，符合年轻人的口味。

该档节目不仅仅是一个篮球节目，其中蕴含了当代年轻人的潮流。在剪辑时，可采用热血动漫的剪辑风格，二次元风的字幕、配乐等元素，迎合青年文化潮流。

（三）花絮、宣传片、预告片等剪辑

花絮、宣传片和预告片等小片是可能在各媒体平台上分发的内容。在剪辑该类小片时，时长不宜，应符合当下短视频时代用户观看用户视频的习惯。同时，可将节目导师、明星球员的预告和花絮以及节目戏剧性冲突点突出剪辑，吸引大众兴趣。

十、媒体分发

（一）线下宣传

选择一线城市及体育氛围浓厚的城市，在地铁站或公交车站设立广告灯箱，在城市中心、繁华商业区、交通枢纽及学校区域等人流量大的区域增设节目海报，主要强调节目logo和嘉宾。在城市的LED大屏还可进行节目小片的投放，吸引路人关注。

（二）线上宣传

1. 投放平台

根据微博、小红书、抖音等不同平台的定位和用户群，制定不同的宣传方案。同时，可以加大在虎扑、腾讯体育、咪咕体育等平台的宣传力度，精准投送给篮球爱好者。

2. 宣发时机

节目播出前：根据各平台定位，投放节目预告、嘉宾和选手的个人宣传物料。

节目播出时：与嘉宾和选手的个人账号联动，发布节目的精彩集锦和热门话题。和各大平台联动，发布"扣篮/投篮挑战赛"的相关话题，吸引更多受众。

节目播出后：持续发布节目相关物料，发起"你最喜欢的选手/你最感动的瞬间"等话题，扩大影响力。

参考文献

［1］搜狐，《这！就是灌篮3》幕后制作团队独家解读创作全过程，sohu.com/a/428565190_651169.

推理互动类节目

《明星大侦探》第一季节目制作宝典

案例十三
《明星大侦探》第一季节目制作宝典

一、节目类型

《明星大侦探》第一季国内首档明星推理真人秀综艺，以剧本的严谨性和参演嘉宾们优秀的发挥开辟了中国推理综艺的先河。该节目类似与明星们一起玩现在年轻人们非常火的剧本杀。此类型推理节目在中国市场十分稀少，可以说为中国综艺节目市场打开了一个崭新的窗口，给喜欢推理悬疑的观众带来了全新的感官刺激。

二、节目宗旨

随着数字化时代的到来，文化娱乐的消费层次越来越趋向年轻化，但综艺作为老少咸宜而且目标受众也更倾向于青少年的一个综艺形式，必须充分考虑到传递正确的情感价值观，以及完善青少年价值观念的社会责任，但在同时又要避免枯燥无味的说教，也不要因为一味纯说教或者为了宣扬大道理，而丢失了综艺最基本的娱乐性。而作为一档推理类型综艺节目真人秀，《明星大侦探》在保证烧脑情节、剧本的严谨性的同时，还借助了后期的重新剪辑加上撒贝宁、何炅等人优秀的综艺感，从而很好地兼并了某档综艺节目中最基本的要素——娱乐性。而且不仅是娱乐，在每一条案情的后面，都会有一条属于该案情的启发线带给观众们，在带给观众们一种沉浸式探案感受的同时也起到了寓教于乐的功效。

三、详细环节

每一期将邀请5~6位明星成员，分别选择侦探和嫌疑人两种身份，而真正的杀手就隐藏在这几位嫌疑人中间，6名玩家需要通过两轮后搜索，寻找线索，确定凶手，而只发现真正凶手的玩家并没有获胜。

时间线如下：

（1）旁白引入案件背景，并且拍摄剧情片交代故事背景。

（2）侦探进场，交代案发现场，从侦探的主观视角将"案发现场"展示在摄像机前，死去的是谁？怎么死的？这一过程即讲述案发现场及死者死因。

（3）各位明星嘉宾出场介绍自己的角色。而侦探开始质询每一位嫌疑人案发当天的行动时间线，在这个过程当中只有凶手可以说谎。此时谁在说谎、谁的时间线有问题都很重要。

（4）开始第一轮搜证，第一轮搜证采取分组模式进行，以增加明星们之间的CP感，嫌疑人们以两组的形式到现场进行搜证，而搜证环节是节目的核心环节，在拍摄和剪辑时都需要尽可能详细地还原。

（5）证据分享：在侦探的带领下每位嘉宾开始陈述自己在上一轮的搜证信息，并且指认自己的怀疑对象及阐述理由，而被怀疑的对象可以进行反驳。

（6）侦探在这一轮的时候需要进行第一次指认，投出认为嫌疑最大的角色。

（7）开始第二轮搜证，所有人进入现场朝着怀疑目标方向进行下一轮搜证。

（8）侦探将各位嫌疑人叫至房间内进行挨个审问，看能否获得关键性线索。

（9）进行第二次分享线索和讨论。

（10）进行最后3分钟每个人的单独搜证，这一过程当中的线索不可以分享，只有搜证嘉宾自己知道。

（11）每位明星嘉宾投出他们的一票。

（12）众人集合，由导演广播公布票数最多的人，那位嫌疑人需要被锁进笼子里，若其为真凶手，则成功抓到凶手，若其不为凶手，则本案真凶逃脱。游戏奖励机制为，成功抓到凶手，除了凶手的玩家每人拿到一块"金条"，而侦探则获得2块"金条"，若凶手成功逃脱，则凶手独立获得6块"金条"。

（13）播放已经录制好的还原案情真相的片子。

（14）固定嘉宾坐在圆桌前回顾案情，并且他们先选定下一期节目的角色。

（15）播出下期节目预告。

四、摄影摄像

6位嘉宾每人都至少配备一个单人机位，以保证还原嘉宾们进行现场搜证时的原貌，在搜证环节里的现场线索处放置Gopro等小型摄影机，并且在现场外摄影使用肩扛来保证可以及时追到明星嘉宾标志性的画面。

五、工业化生产流程

《明星大侦探》由于其独特的推理逻辑和强大的情节互动性，大大提高了后期制作的挑战性。对于这档解密类综艺节目而言，通过后期制作能够极大地充实正片内容，由《明星大侦探》的专业后期制作队伍，导入了电影制作级的剪辑流程，同时提供摄像指导、技术总监、后期指导等参与对接项目的前期制作，聘请一线影视编辑全程参与剪辑以实时把控播出的品质，同时还在后期指导部分增加了制作协调部门，并成立技术DIT部门，为项目提供了充分的技术保证。

《明星大侦探》第一季当中，据查每一期节目素材内容多达25TB，一期节目长达95分钟，每位明星嘉宾花絮每条10~15分钟。团队成员首先在剪辑素材时要建立后期主动去参与二次创造的四位，后期同样需要编剧去撰写剧本，从而帮助剪辑师理顺逻辑，对成堆的素材进行梳理和取舍。剪辑部门在这个团队中作为核心的创意部门，基本流程为：捋顺每个明星角色的素材；盘清时间线；添加创意开始剪辑。后期部门需要从最早期的素材拷贝—转码—粗剪—动画制作—混音—调色—上商务上字幕。剪辑时需要注重分寸感，明星大侦探作为半开放性的综艺，如何让观众代入进明星角色体会到参与感和互动性是综艺能否成功的关键，后期团队引入电影结构手法去还原故事剧情，重构故事与梳理人物之间的关系是让观众能够很好地理解剧情，理顺推理线索的关键。而除了需要剪辑的精准性和逻辑性之外，通过声效增加紧张感，观众的代入感，细化推理的过程都显得尤为重要，这一过程当中逻辑是基础，而视听特效则是手段，不可喧宾夺主。

展示推理线索方面，剪辑师首要目的为说清现场玩家现场动作以及背后的动作原因，保留玩家现场搜证内指向性较强的内容，从搜取的证据中可以引发观众的联想。通过景别的切换来推动剧情，如特写即表示紧张，该线索较为重要需要观众着重去思考和留心，随后拼上嘉宾们惊讶的表情特写和动作，进一步突出线索，最后通过平行蒙太奇的剪辑手法将空镜头和人物表现串联起来，交代具体情节。可以说这档节目的剪辑非常具有挑战性，因为剪辑既要尊重剧情推理的基本逻辑，同时又要根据这个逻辑体系做到去丰富人物性格，平衡综艺的笑点并且交代完整推理剧情是后期团队的核心任务。避免将故事剪得过于复杂，在恰当的时候通过花字特效音效等视听表现形式，提供相应的引导与提示，来更好地帮助观众理解剧情，代入进剧情角色，最大程度地满足观众参与案情推理的成就感，从而用花字和音效确保该综艺节目的娱乐性，使得其达到休闲娱乐、放松心情的目的。

同样后期制作也需要着重去塑造人物角色特点。在网络上广泛传播的人设标签，如撒贝宁聪明伶俐等，是观众通过节目总结归纳而成的。剪辑部门需要动用大量电影剪辑的视听手法，如蒙太奇、回忆等去强调人物形象。

六、包装

因为《明星大侦探》第一季为了避免中国内地观众对此类型综艺的不熟悉，在海报、道具等整体环节上仍然运用了偏艳丽的色调，如大红色、粉红色，除此之外尽量突出节目的娱乐搞笑特点，让人耳目一新。

《明星大侦探》第一季有大量的二维手绘动画，利用手绘动画展现人物内心所想，粉笔质感的手绘动画形象可爱，动画独立于剪辑部门，这种相对独立的工作空间也成就了《明星大侦探》独特的节目气质，自黑吐槽式的表达成为节目基本的一种创作思维。

七、舞美

每一期的舞美都会根据该期案件进行调整，如在《明星大侦探》第一季第一期"高校校花的坠落"中，以青春校园为主打的案件背景，主色调即以蓝色等为基础，服装化妆道具都要根据这些进行调整。

八、道具制作

《明星大侦探》对道具的制作与要求上力求精益求精，尽可能通过各种细节还原案发现场，如第二期节目当中以机场为背景，那么休息室、飞机座位等设置就至关重要。第三期节目《男团鲜肉的战争》对排练室、作案手法手套等细节还原也是让观众身临其境的重要元素。

九. 栏目选题

选题主要方式：

1. 蹭热点，提高吸睛力

如在第一季第二期当中，借鉴TVB剧集《冲上云霄》的机场设定而编写了剧本《冲不上的云霄》，而请回答《1998》则是韩国热播电视剧《请回答1988》，《复仇者联盟》设立了主题《英雄不联盟》，通过热门的话题自带热搜获得关注度，但需要在节目当中大胆创新、变革剧情，避免重复之感。

2. 关注社会问题，传递正能量

因为这档节目为犯罪侦探类节目，正确的价值导向是审核的基本要求。为传递正能量，对类似于家庭暴力、情感纠葛、商业利益等社会矛盾进行适当的还原与改编。

十、嘉宾选择

在一档网络综艺节目当中，主持人就是栏目的关键，是将观众和剧情联系在一起的桥梁，甚至可以说主持人的特色就是节目的特色。

《明星大侦探》的所有剧情环节皆为明星所主导，那么选择合适的嘉宾便是这档节目能否成功的胜负手，而这些嘉宾必须具备以下特点：

（1）聪明伶俐，动脑能力强，脑洞大，懂得运用逻辑思维。

（2）有演技，能够将自己代入进案件中所扮演的角色，即入戏，让观众明白自己不仅是在看一场真人秀，更是一部悬疑诡异的院线大片。

（3）语言表达能力出色，因为《明星大侦探》是以语言为主导推动剧情发展的电影，需要大量的明星话来陈述自己的发现，或者反驳其他嘉宾对自己的指控，最终经过反复的筛选，选取的固定嘉宾为：撒贝宁、何炅、王欧、乔振宇、白敬亭、鬼鬼，这几位角色都各自有自己的特点。

撒贝宁出身法律系，主持过法制节目《今日说法》，擅长逻辑推理，并且风趣幽默，是《明星大侦探》大量笑点的来源；何炅温柔大方，反应迅速，这两位也是破案时联系线索的核心人物；王欧演技担当，知性沉稳的姐姐；鬼鬼长相甜美，古灵精怪，有时候也会脑洞大开给探案带来意想不到的效果；白敬亭沉稳细致。每一位嘉宾都有自己的人设和节目功能，缺一不可。

十一、广告植入形式

（1）作为一档悬疑类综艺，植入广告时应为深度内容植入，围绕品牌的诉求，设计内容脚本，通过搜证线索，节目剧情来引出品牌核心内容。

（2）硬广，如背景墙和道具上都可以加上品牌方logo。

（3）开头广告片。

（4）片尾。

十二、周边

随着信息化时代的到来，人们的生活节奏越来越快，综艺节目成了很多人放松娱乐的第一选择，那么除了吸引住观众们的注意力，需要将流量转化为实打实的金钱，《明星大侦探》也由此孕育而生了非常多的衍生节目，花絮和价位不同的周边，力求将节目IP的效益最大化。周边包括明星大侦探潮流双肩包，明星大侦探四大侦探抱枕，明星大侦探盲盒系列，而这些由官方平台所售卖的周边，粉丝们因为对《明星大侦探》的喜爱也愿意花钱。当这些自带节目元素的商品随着粉丝们的使用进入到日常生活当中，又是一次对节目影响力的提升，起到了很好的宣传效果。可以说是周边再次反哺节目组。

十三、宣传方式及策略

作为名副其实的国内第一档明星角色扮演悬疑推理综艺推理真人秀节目，以创作明星CP，制作明星人设，强化喜剧效果并且制造一系列话题，在栏目播出中期和后期集中宣传。宣传主要思路即将悬念和话题炒作相互结合，在各大平台宣传核心思路皆为悬疑剧情而吸引住年轻观众对悬疑探案的热情，作为一档网络综艺，要发挥出现在媒体时代互联网"全媒体"传播效应，线上官方账号进行宣传，号召明星嘉宾积极转发互动，并在网络各大论坛如微博、知乎贴吧等对节目剧情进行讨论，线下通过海报广告板来扩大受众人群。

（1）芒果TV官网，主页推广，专题栏目和独家花絮；

（2）官微造势 设计与节目走向及内容相关的话题；

（3）提前在官方平台设置下期预告，出宣传片和先导片；

（4）拍摄人物宣传照并让相应明星嘉宾转发，@嘉宾联合转发；

（5）投票选出认为上期节目最聪明的选手；

（6）评论互动；

（7）普及相应法律知识，传递正能量；

（8）福利抽奖环节；

（9）通过话题点在各大娱乐新闻网站头版联动宣传。

原创节目创作手册

原创节目创作手册是本书实例创作者在了解媒体产品知识、学习媒体产品设计与创作原理方法、具体分析当前已有媒体产品的基础上，发挥自身创意、传递内心需求、表达真实期待而创造的原创节目的全要素策划案手册，对原创节目的背景、模式、特点、市场可行性、内容、嘉宾、商业化设计、变现方式、推广渠道等各个方面进行了全面的预测和判断。原创节目创作手册可以称为一种具备未来性的实例研究，这种实例研究已经不再把范围仅停留在已有的案例上，而是去探索未来可能出现的案例。这种未来的道路探索并不是宏观上的方向指引或是中观层面上的具体路径标记，而是借助年轻群体敏锐的嗅觉、现实的需求以及丰富的想象力，从微观层面进行全面具体的分析，为媒体产品设计与创作的实例研究提供了一种全新的进路。

原创节目及创作成员如下：

节目一：《无痕旅行团》节目创作手册

创作成员：张佳昕、温睿敏、张梓沫、张海霞

节目二：《我的新老师（体育季）》节目创作手册

创作成员：李卿、张诗语、张皓敏、徐子琪

节目三：《Young样新农潮！》节目创作手册

创作成员：张馨月、陈依然、侯美真、杜鹏程

节目四：《一起上冰雪》节目创作手册

创作成员：马佩瑞、张敬婕、周冰雨、周华虎、赵铁

《无痕旅行团》节目创作手册

一、节目简介

《无痕旅行团》是以环境保护为主题的一档旅行真人秀节目，共12期。在"无痕生活"的基本要求下，嘉宾们前往祖国各地，在体验祖国大好风光的同时，进行各种各样的环境保护活动。

该节目在每周日晚上8点芒果TV上线播出，每期节目时长70分钟。

（一）节目背景

在体验经济时代，随着旅游者旅游经历的日益丰富而多元，旅游消费观念的日益成熟，旅游者已经不再满足于大众化的旅游产品，而对体验的需求日益高涨，更渴望追求个性化、体验化、情感化的旅游经历。

随着"美丽中国建设"的推进，我国实施的生态保护，生态环境持续改善。绿色生活和绿色消费成为社会新时尚，节约资源、杜绝浪费、光盘行动、实施生活垃圾分类等已经成为人民群众的自觉行动。

在疫情时代之后，"国内游"成为大势所趋，"无痕旅行团"呼吁更多人加入环境保护的行列，用小小的改变，去守护与我们息息相关的家园。

（二）节目模式

《无痕旅行团》一路从腾格里沙漠，途经黑龙江黑河，转至云南西双版纳，最终收官于三亚珊瑚礁保护区。节目聚焦于国内环境保护取得的阶段性成就，将植树造林、海洋净化、土壤保护、珍稀野生动物等环保主题，以体验式旅游的方式让嘉宾参与其中，向大众倡导"无痕旅游"与"可持续生活"新风尚。

二、节目特点

（一）趣味性

从节目形式上，嘉宾通过参与有趣小游戏和达成环保任务不断解锁新的旅游地图，本身就是富有挑战性和趣味性的环节设计。无论是嘉宾之间的有趣而真实的互动、新颖的可持续性生活方式还是不同地域间自然风光的巨大差异、不同民俗间文化风貌的激烈碰撞，都使本节目在传递环保理念，普及环保知识的同时妙趣横生，引人入胜。

（二）治愈性

在快节奏的现代生活中，尤其在疫情形势影响的压抑氛围下，本节目以体验旅游的形式，让受众跟随嘉宾一起放慢脚步，从高楼林立的城市中短暂抽离，从美丽原始的自然画卷中获得慰藉，从身边的点滴环保行动中得到满足，引发受众追求更美好更可持续的生活方式，在挣扎忙碌与绿色生活中找到人与自然和谐共处的平衡点。

（三）教育科普性

从嘉宾亲身旅游的参与者视角，亲眼见证当前生态环境治理的严峻形势，从而深刻意识到环境保护的迫切需求，潜移默化地达到警示教育的目的。在嘉宾成为当地环境保护者的一份子，亲自体验环境治理的过程中，嵌入环保知识，传达环保理念，提倡环保生活。同时通过节目环节设计，为受众展示进行绿色生活切实可行的"操作指南"。

（四）公益性

除节目播出本身会对当地旅游经济有拉动作用外，节目所获得部分收益也会回馈到旅游打卡的相关环保公益项目中，如植树造林、支持环保组织工作、自然保护区建设等多种形式，以实现经济效益与社会效益的结合。

（五）环保性

环保性作为节目的出发点，无论是节目的台前幕后，还是制作的过程和追求的结果，都完全贯彻在节目制作之中。不仅是嘉宾旅游时"无痕旅游"，节目制作时也注意生态保护，用心做好环境复原工作。节目宣传环保理念，提倡绿色生活，使其深入人心，助力可持续发展。

三、市场可行性分析

（一）必要性

1. "酒香也怕巷子深"——向全世界展现我国环境保护成绩单

污染防治工作作为决胜全面建成小康社会的重点工作之一，自提出起就受到广泛关注。时间见证着蓝天保卫战、碧水保卫战、净土保卫战给环境带来的巨大改变：大气、水、土壤污染防治行动成效明显，祖国大地正在绿起来、美起来。天更蓝、山更绿、水更清。

尤其在我国边境四角——西北、西南、东北、东南地区，都是生态脆弱，环境修复能力较差。在过去的几年中，这些地区的环境问题得到了明显改善：例如腾格里沙漠上已出现郁郁葱葱的树林；滇池也从"水华"遍布、一片"死海"回到了曾经的碧波荡漾。这些成就无一不是通过几代环保人的努力与坚持换来的，然而大众却对此知之甚少。不仅要让主流媒体发挥舆论宣传的主心骨功能，也要在大众媒体中加强价值观导向，让更多有深度、有内容的"中国故事"走进大众的视线中。《无痕旅游团》即顺应了这一思路，立足于中国环境保护取得的成就制作节目内容，向全国观众乃至世界人民展现中国环境保护的"令人满意的答卷"。

2. 景区中垃圾被随意丢弃，游客素质亟须提升

据统计，全世界垃圾年均增长速度为8.42%，而中国垃圾增长率达到10%以上。根据联合国环境规划署的调查，全世界每年产生4.9亿吨垃圾，仅中国每年就产生近1.5亿吨的城市垃圾，其中很大一部分来自旅游垃圾。此外，据对中国42处风景名胜旅游景点的调查，其中31处存在严重的旅游垃圾污染问题，占被调查总数的73.8%。

虽然我国环境保护取得了优异的成绩，但在大众意识层面还稍显薄弱。

"请把您的垃圾带走，请将您的微笑留下"是文明旅游的理念，也是环境保护的需要，游客都应有此追求。事实上，游客带走垃圾并不难操作，只要脑中随时绷紧一条"无痕旅游"的弦，相信大家都能遵守文明规范。《无痕旅游团》的"无痕"理念贯穿于节目录制与节目播出，不仅以节目的形式向大众传递了这一想法，更以身作则躬耕实践，在全社会引领环保旅游，可持续发展的新风尚。

（二）可行性

1. 节目风格清新治愈，满足当代年轻人的心理需求

现如今，年轻人生活压力较大，"焦虑""内卷"的现象常有发生，让人身心俱疲。《无痕旅行团》作为一档以环保为主题的旅游类综艺，在环保旅行的过程中发现旅行路上的"小美好"，让年轻人能够在工作学习之余，心灵得到放松，满足了年轻人的心理需求。

另外，因为疫情影响，人们出游机会大大减少。这样一档环保旅游类综艺深入祖国西北、东北、西南、东南四个地方，不仅向观众们介绍了祖国的大好河山，还能让观众通过观看节目透过嘉宾的视角体验旅行的快乐。

2. 题材新颖，环节设计生动有趣

面对市场上层出不穷的旅行类综艺，题材选择与节目立意才是取胜的关键。《无痕旅行团》立足于国内环保行动，在定位上更加注重节目的环保属性，着力宣传环保的生活方式，体验为环保事业作出贡献的人们的工作生活，彰显社会责任与担当，以期在一个新的高度赋予节目全新的内涵。

在环节设计上，节目将"无痕生活"作为主线任务贯彻始终。"无痕生活"是一种简化生活，即不过度浪费，减少垃圾产生，进而达到永续发展及环境保护的目标。《无痕旅行团》不但宣传了一种全新的环保理念，还通过"无痕生活"是否达标来换取嘉宾们去往下一站的交通费用，增加了节目看点。除此之外，节目组还因地制宜，根据当地环境设计体验活动，增加了节目的趣味性。

3. 公益性强，体现社会担当

《无痕旅行团》节目与支付宝蚂蚁森林联合，嘉宾们在旅行中每顺利完成一个任务，支付宝蚂蚁森林就会为当地环境保护事业提供相应的支持帮助。比如在第二期节目中，嘉宾共同种了草方格，蚂蚁森林将会捐赠嘉宾种植数量几倍的草方格用于当地防风固沙。与此同时，节目组还会在蚂蚁森林中开放"公益林"，节目观众可以去公益林浇水，浇水总克数将兑换成相应数量的树木进行种植。节目所对应的公益导向机制，可以在无形中号召观众去关注公益事业，为社会奉献一份力量。

四、节目内容

节目计划播出一个季度共12期，采取周播模式，每周日晚8点在芒果TV上线。每一期根据节目组安排去往不同的地方了解环保知识，并根据当地环境特色进行不同的环境保护活动。贯穿节目的主线任务是"零垃圾"生活，即"无痕生活"，"无痕团"的五人每天产生的塑料垃圾不得多于节目组所提供的罐子容量，否则会受到相应的"惩罚"。

（一）第一期：了解无痕生活 体验大漠风光

嘉宾们来到了宁夏回族自治区腾格里沙漠这一带。首先他们来到了居住地，在各自选好房间、收拾东西之后，一起前往沙漠露营地。在那里嘉宾们一起亲自动手搭帐篷、煮饭，多数嘉宾都是第一次体验野外生活，对于如何进行时间安排和人员分配都有不一样的看法。煮饭也仅仅可以使用节目组提供的食材，如何用西北特产食物做出美食，并且要符合环保原则可难倒了大家伙。好在一位飞行嘉宾深藏不露，用简单的食物为大家烹饪出了丰富菜肴。饭后，大家围坐在一起聊天，这时开始掉落了随机任务——环保知识抢答，嘉宾们通过环保知识答题游戏了解到一些简单的环保知识，同时也了解了主线任务：五人接下来去往下一个地点的交通费用，必须通过"无痕生活"挑战来获得，包含租车、机票等费用。

第二天，嘉宾们一起早起看了沙漠日出，感受到大自然的宏伟壮丽，也深感祖国山河的壮美。接下来，嘉宾们进行了"沙漠徒行"，也就是大伙一起进行沙漠徒步，体验当地居民的生活，在这一过程里，他们一起体验了滑沙、骑骆驼等沙漠特色项目，最后他们回到了居住地进行休整，每个人都非常疲惫。

（二）第二期：比赛种植草方格 分享旅行体验

嘉宾们出发来到草方格固沙区域，当地向导为他们介绍草方格固沙的原理、前人固沙的故事等。接着嘉宾们跟随专业人士一起体验草方格的种植过程，了解到固沙的不易，并比赛看规定时间内谁种的草方格多，种得最多的人可以获得"节目组特供豪华晚餐"奖励。晚上嘉宾们一起回到房子，没有获胜的嘉宾依旧要自行烹饪晚饭，而获胜嘉宾一个人独享大餐，这激发了其他人的胜负欲。最后在晚上临睡前，嘉宾们分享了这两天在沙漠生活的独特心情。

（三）第三期：体验护林员工作 为护林员做答谢宴

为了"无痕团"体验护林员的日常工作，嘉宾们起一大早，跟随护林员一起去瞭望台，进行巡林、认识植物和了解森林保护知识等。在森林里，他们体会了护林员工作的艰巨性和重要性。在回到住所后，嘉宾们深感护林员生活的不易，很多时候无法和家人子女们团聚。于是他们趁护林员去巡林时，去当地小镇接来了护林员的妻子和儿子，和他们一起去集市上为护林员采购生活物资和美味食品，并悄悄带到护林员居住的小屋里，给护林员一个大大的惊喜。但是晚上回营地后，嘉宾们围坐在一起聊天时却突然发现存垃圾的罐子已经满得塞不下了，所以他们不能获得足够的出行资金，只能购买四张去往东北的机票，通过抽签，他们选出了留下的人。

（四）第四期：直播带货得车费 五人团聚消防队训练

四位嘉宾来到了黑龙江省黑河市，这是一个极度寒冷却非常美丽的地方，但嘉宾们无暇领略这里的美景，因为他们要去森林消防队，体验森林消防员的生活，为此他们必须参与消防员的日常训练。留在宁夏的嘉宾必须要通过帮当地老乡直播带货，售卖土特产来获得交通费用，于是他凭借出色的口才和优异的表现，圆满完成了直播带货任务，并且还收获了乡亲们的一致好评。任务结束后他获得了机票第二天一早也来到了消防队。由于他晚来一天，训练稍落后于其他嘉宾，闹出了一些乌龙。在这段时间的训练中，嘉宾们体会到了消防员的不容易和消防任务的艰辛，呼吁大家保护森林。

（五）第五期：参与东北大米生产 换取晚餐

这一期几位嘉宾需要去工厂体验东北特色大米生产全过程，从研磨、精选、打包、发货这些环节中，大家又是辛苦又是快乐，明白了粮食的来之不易。通过努力工作，大家获得了大米"工资"和临时任务——和老板以物易物，用大米去换取晚餐。好在东北人民热情好客，第一个遇见的东北老板便欣然同意，在一天的辛苦工作后，大家用自己的劳动成果换取了东北特色菜，也吃到了香香的大米，在吃饭时一位嘉宾提出想去看看种植大米的黑土地，大家都非常赞同。

（六）第六期：了解土壤保护情况 宣传知识并采集样本

第二天，嘉宾们来到了专门研究农业土壤的研究机构，研究人员向嘉宾们介绍了东北土壤现状和他们目前正在做的研究方向。嘉宾们似懂非懂，觉得这些科研人员们非常伟大。紧接着，嘉宾们收到了任务：根据研究人员的介绍和调查结果，去农户家里宣传增强土壤肥力的方法，并帮助农户堆肥。同时还需要额外完成采集土壤样本的任务。嘉宾们分为三组，最快完成任务到达集合点的队伍为获胜队伍，可以获得"清空垃圾罐"奖励。由于东北老乡的热情好客和故意捉弄，大家在完成任务时闹出了不少趣事。完成任务后，东北的旅程也告一段落，大家与向导告别，前往下一个目的地。

（七）第七期：体验热带雨林生活 寻找植物种子

这一期，嘉宾们来到了云南的西双版纳，体验热带雨林生活。本以为会有准备好的住处，但仍需要嘉宾们亲自动手搭房子，为此他们需要依靠当地居民的指导，同时也需要找野菜、捕鱼来准备晚餐。嘉宾们把芭蕉叶席地而铺，当成餐桌，体验了傣族生活方式的原生态，也看到了大自然的美好。后来，西双版纳生态站的工作人员来到雨林，他们一起深入丛林深处，寻找植物种子，为保护生物多样性贡献力量。

（八）第八期：照顾小象生活 结交象朋友

嘉宾们去了亚洲象群繁育和保护中心，共同了解了亚洲象的生活现状，工作人员也对亚洲象迁移这一热点事件进行了解释。接着嘉宾们经过一系列测试，匹配了合适的小象，照顾小象的生活起居，并且和小象们成为朋友，体验到人与自然和谐相处的美好。

（九）第九期：与环保组织同行 亲身参与环保活动

借当地某个组织的活动契机，五个嘉宾分成两队，一队去当地学校向低年级的小朋友们宣讲环保知识，同时和小朋友们一起制作环保宣传海报；而另一队的嘉宾们和当地的一个环境保护组织去澜沧江捡垃圾，捡到的垃圾可以兑换成书本捐给那所学校的小朋友们。环保要从娃娃抓起，要从下一代抓起，通过这样的活动，嘉宾们对"无痕生活"也有了更深的体会，同时也体会到环保的教育意义。

（十）第十期：入驻海南环保酒店 体验三亚风情

这一期，嘉宾们来到了海南省三亚市，入住了一所节目组准备好的民宿，这所民宿非常特殊，处处都体现着民宿老板的环保意识，比如可重复利用的房卡和杯子、可降解的垃圾袋、各种各样用塑料瓶、纸板做出的装饰品……这是非常舒适的一天，罕有的没有任何任务，嘉宾们都非常轻松享受，一起体验三亚特有的风土人情，比如美味的海鲜、漂亮的沙滩、各式各样的海上运动。

（十一）第十一期：众人潜水种珊瑚 呼吁人们无痕游玩

第二天嘉宾们一起参观了珊瑚展区，了解了珊瑚保护现状。为了保护珊瑚，他们学习了潜水。之后四人齐心协力下水种植了珊瑚，为珊瑚的保护作出贡献。但海洋污染是海底生物保护的源头，他们通过向导介绍，了解到我国目前海污染的现状，其中很大一部分是来自人类的生活垃圾污染。为了治理海洋污染，大家自发地在沙滩上设置垃圾点，提醒游客将垃圾合理放置，同时通过自己的影响力，带动游客们在离开时清理好沙滩上的垃圾。在疲惫的一天结束后，嘉宾们也获得了奖励，这是节目组对践行环保理念的他们的奖赏。

（十二）第十二期：进行毕业大考 举行毕业典礼

旅行的最后，嘉宾们要举行毕业典礼。但是他们首先需要通过毕业大考：第一步，给自己和队友选择标签，看彼此选择契合度有多高，这体现了他们之间浓浓的感情和对旅行中美好的回忆。接下来，他们需要进行随堂测试，对旅行中的种种经历、环保知识和我国环保现状、成就等通过答题的方式进行回顾。顺利通过测试后，嘉宾们进入毕业典礼，互相交换了环保礼物（一路旅行收集的一些有纪念意义的东西或虚拟礼物）。节目伴随着嘉宾们的感言，圆满结束。

五、节目嘉宾

节目嘉宾设定为"固定嘉宾＋流动向导"的模式。

（一）向导

选取了解熟悉当地情况的人，并且有一定的文化和教育背景，能够和嘉宾进行良好的沟通和互动，也能清晰地表达出每期的节目主题；向导的过往个人经历中，需要有与每期主题产生关联的独特背景和回忆，目的是深化主题、增强与嘉宾们的情感连接；向导以中年为主，体现出一定的阅历和丰富经验。

（二）嘉宾

固定为5人，3男2女，年龄段涵盖18～35岁的青年群体。

杨迪（35岁，演员），团队大哥，在嘉宾团中起着引导大家发言、推动大家关系发展的作用。他通过自成一派的搞怪受到广大网友的喜爱，是当之无愧的搞笑担当，参加的综艺《非正式会谈》《青春环游记》《忘不了餐厅》均饱受好评，私下的杨迪却非常努力和真诚，在真人秀中往往展现出独特的魅力。

欧豪（29岁，演员/歌手），是团队中"人狠话不多"的二哥。从"快男"转身后走进大荧幕，参演多部高票房电影，《左耳》《烈火英雄》《八佰》，让他的"硬汉形象"深入人心，《真正男子汉》中也彰显出他能吃苦的品格。

刘昊然（24岁，演员），是团队中可爱风趣的"三弟"，在完成任务时，经常有一些与众不同的点子。他是目前中国唯一一位"95后"百亿影人，无论是在影视作品《最好的我们》《唐人街探案》，还是综艺《明星大侦探》中，都展现出作为"智慧担当"的灵气。同时他的阳光干净帅气好少年形象深受女性观众的喜爱，坚持做公益，为疫情前后3次捐款。

谭松韵（31岁，演员），心思细腻，善于关心他人，是旅行团中的"大姐姐"。出道以来，她将清新自然的演技带给观众，只用作品说话，获得了业内外的一致好评。在《向往的生活》《奇妙小森林》等慢综中也展现出纯洁纯粹、慢热佛系、心思细腻的一面。

赵今麦（19岁，演员），代表青少年群体视角，古灵精怪，是团队中坚强独立的"小妹"。她之前靠《少年派》的林妙妙成为大家心中的"国民女儿"，灵动可爱，情商超高，却依然低调不张扬。

六、台本展示（以第七期节目为例）

表1　第七期节目台本展示

序号	部分	时长	画面	主要内容
1	开头	6分钟	收拾行李	每个人的性格特色和携带物品
2	片头＋包装	1分钟		
3	民族特色美景美食	25分钟	更换民族服饰	民族特色展示、VIVO中插广告
			特色美食趣味品鉴	品尝咖啡、猜水果、猜蘑菇、输的人烧饭
			西双版纳歌舞表演	民族传说唤起嘉宾完成任务保护环境的决心
4	采集种子	35分钟	车内采访	宣布任务、小鹏汽车中插广告
			吃饭	聊天、情感铺垫
			热带雨林VCR	
			攀爬巨树	恐高与克服的矛盾、团体合作、特步中插广告
			泛舟水上森林	欣赏美景、专家介绍、VIVO中插广告
			制作"种子盲盒"	后采、分享一天感悟

序号	部分	时长	画面	主要内容
5	下期预告	2分钟		
6	片尾包装	1分钟		

（一）开头：嘉宾出发前收拾行李

凌晨5点天还未亮，在为期7天的云南之旅里，节目组要求尽可能减少每人携带行李的件数，同时携带的物品也要符合环保的原则。如果嘉宾能够顺利完成接下来的任务，那么支付宝蚂蚁森林将会为西双版纳的自然环境保护事业提供相应的支持帮助。

谭松韵作为常常拍古装戏的女演员，对于户外场地的必备物品有自己的心得，比如必不可少的驱蚊药、晕车药、防晒霜、户外用品等，向观众进行展示。

欧豪作为打戏演员，携带了擦伤跌打的药品和膏药（暴露年龄）。

刘昊然的行李箱极简，只带了基本款的衣物和防晒衣物，并且收纳得非常整齐。

杨迪不出所料地带了很多零食，后来因为不符合环保原则放弃。

赵今麦作为团队的小妹，正在学习有关垃圾回收和分类的知识，特意向观众展示了自己使用的洗漱用品是可降解包装。

（二）片头：VCR云南空镜头展示

云南西双版纳属于傣族自治州，西双版纳地处热带北部边缘，全州属亚热带季风气候，高温多雨，干湿两季分明，独特的自然条件带来了秀丽的风景，与此同时，西双版纳也变成了中国热带生态系统保存最完整的地区，素有"植物王国""动物王国""生物基因库""植物王国桂冠上的一颗绿宝石"等美称，是中国唯一的热带雨林自然保护区，也是国家级生态示范区，物种极其丰富。

但随着生态开发和城市化进程的加快，当地生物多样性受到了严重的威胁，其中植物多样性的破坏最为严重。由于经济建设（比如房屋耗材和纸张生产）使用林地造成的林地资源流失，人类生产生活造成的土地、空气的污染等，都给西双版纳的生物多样性带来了严峻的考验。

（三）任务与挑战：民族特色＋美景美食

1. 环节一：更换民族服饰（5分钟）

嘉宾随节目组来到特色的民俗村，一进村便被要求换上傣族传统服饰，男嘉宾着无领对襟或大襟小袖短衫，下着长管裤，用白布或青布包头；女嘉宾着白色或绯色内衣，下着彩色筒裙。

嘉宾们更换好衣服后，拿出手机和热情的当地村民合影留念（广告植入）。

2. 环节二：特色美食趣味品鉴（15分钟）

首先品尝云南特色的小粒咖啡，由于当地独特的气候条件，给咖啡生长创造了得天独厚的生长环境，并形成了云南小粒咖啡"浓而不苦、香而不烈、略带果味"的独特风味，深受全球咖啡市场欢迎。

嘉宾们面前摆放好由精致碗碟装盛的咖啡，并且和村民们一同学习咖啡的碾磨和泡煮。

然后是特色热带水果猜名称大挑战：蛋黄果、野生小芒果、三月李、红毛丹等特色水果以剥好皮可食用的状态，放入盲盒中供嘉宾们挑选，品尝后需要说出水果名称，答对数量最多的嘉宾即取得本轮胜利。

其次是猜蘑菇大挑战，由节目组准备云南特色野生蘑菇，嘉宾们根据外形、气味、经验来判断该蘑菇是否可食用，答对数量最多的嘉宾可以取得本轮胜利。

最后两位获胜嘉宾可以休息，其他嘉宾和当地村民一起烹饪云南特色午饭，采用原生态的烹饪方式，食材也是当地最为新鲜野生的，未取得胜利的嘉宾需要根据菜谱烹饪出：嫩荷叶包饭、火腿鸡杂饵丝、烤乳扇等当地特色菜，获胜嘉宾可以坐享其成。

3. 环节三：西双版纳民间歌舞表演

傍晚时，嘉宾一起欣赏由西双版纳民间传说改编的歌舞表演，表演非常有意思，大家忍不住一起加入。《砍倒遮天树》这一歌舞表演主要讲了西双版纳哈尼族祖先的居住地有一棵非常高大的树，这棵大树枝繁叶茂，遮住了所有的阳光，使得西双版纳哈尼人和布朗人居住的地方充满黑暗，不见天日。为了赶走黑暗，寻求光明，西双版纳哈尼人和布朗人团结起来，共同砍伐这棵遮天树。经过西双版纳两个民族的努力，大树终于被砍倒了，黑暗被驱散了，人民又见到了太阳，见到了光明。

这个传说表达了西双版纳哈尼人民改造自然、追求光明的思想，但是如今伴随着城市化日益发展，森林资源却遭到破坏，由于人类无节制的破坏，西双版纳的天空又重新蒙上阴霾，节目最后向嘉宾们真诚发问，邀请嘉宾们加入自然保护的行列中。

（四）任务与挑战：采集种子

在前往西双版纳的车上，大家被问到对云南雨林的印象，大部分人都曾感受过云南独特的风土人情，却少有人关注到云南的生物多样性魅力。

因此节目组联合当地政府、环保组织一起发起了"春城之邀——一粒来自春城的种子"系列活动，向全国各地的人民寄出云南特色动植物的"种子盲盒"。无痕旅行团的成员们将跟随中科院的老师们，进入西双版纳的原始雨林，采集需要的植物种子，无痕团能顺利完成任务吗？

到达后的第一顿饭是和老师们一起吃的。饭桌上大家谈起生物多样性，才知道他们的工作远比想象中复杂得多、困难得多。他们经常要像登山家一样，翻越一道道峻岭高峰，时而要像精明的猎人一样，追寻种子的蛛丝马迹。但就是靠着大家的努力，才将一粒粒种子完好地带回种质资源库，为保护中国的基因库贡献力量。

1. 环节一：攀爬巨树（15分钟）

饭后，他们一行人来到原始森林，这是一个危险与美丽并存的地方。长蛇能有多长？蚂蚁能有多小？兰花能有多美丽？这一个个问题都能在西双版纳的热带雨林找到答案。这里的生物多样性超出想象。大的飞禽猛兽，小的蚁蚁蜘蛛，色彩斑斓、形态各异的生物随处可见。徒步的过程中工程师们聊起工作中曾经遇到的危险，让无痕旅行团在倒吸一口凉气的同时也感受到了他们工作的艰辛。

置身于雨林深处，人显得尤为渺小。攀爬巨树收集种子早已成为工程师们工作的一部分，巨树树龄过百，树高可达四五十米，这是他们主要的工作任务。无痕旅行团拿出早已准备好的攀爬装备，抬脚、拉绳、向上，重复再重复，像是一场垂直方向的马拉松。有人能在短时间内领会爬树要诀，三两下工夫就爬到了高处。但对于杨迪来说，他要做的不仅是克服对高空的恐惧，更重要的是让向上的信念冲破一切。在大家的鼓励和帮助之下，他是否能够成功完成采集种子的任务？

2. 环节二：泛舟湖上（5分钟）

夜幕渐晚，无痕旅行团小心翼翼地带着来之不易的种子踏上归途，水上森林中，他们泛舟湖上，处处可见鲜花盛开，最引人注目的还是水面上清新绽放的朵朵海菜花。一旁的专家介绍说，海菜花对水质很挑剔，要求水体清晰透明，曾经踪迹难寻的海菜花近年来呈现出"遍地开花"的趋势，也是国家环境保护水源净化事业取得重大成绩的一大例证。大自然的美丽就是对无痕旅行团辛勤一天最好的馈赠，刘昊然拿出手机记录下这一宝贵瞬间。

3. 环节三：制作"种子盲盒"（15分钟）

晚饭过后，大家聚在一起把早上采集到的种子制作成"种子盲盒"，同时将一天的感悟写在明信片上，把环保旅途中的回忆与感想分享给远方的人，让环境保护和无痕理念影响更多的人，凝聚成社会共识。

七、广告设计与投放

（一）招商价格

节目共12期，预计总冠名商招商价格为1亿，赞助商招商价格为5000万。

（二）合作品牌

1. 独家冠名：国产手机品牌

"世上综艺千千万，OPPO、VIVO各占一半"，在2021年最受关注的综艺品牌冠名TOP5中，vivo为《王牌对王牌》《追光吧！哥哥》和《潮流合伙人》冠名，占据三席。

同时，"更鲜明更轻盈"的品牌形象与"轻简有度"的节目理念不谋而合，通过节目传递出的青春快乐正能的价值观，推动塑造年轻创新的智能手机形象。除此之外，作为vivoS7的代言人，刘昊然同时也是《无痕旅行团》嘉宾，两个品牌的双重身份更具情感联结的意义。

2. 官方用车：国产新能源汽车

小鹏汽车是一家新兴的造车企业，该企业在互联网＋智能汽车基础上，进行自主研发，创造了让无数车主称赞的智能汽车驾驶系统，旗下的高智能互联网汽车小鹏G3更是被许多科技极客定位为"中国版特斯拉"。小鹏汽车用户定位为互联网年轻人，通过赞助《非正式会谈》《中国新说唱》《脱口秀大会》等互联网综艺节目，将节能环保的品牌理念与产品亮点触及更多年轻人。

3. 蓝月亮洗衣液

随着人们对健康意识的重视和消费水平的提高，洗衣液对洗衣粉的替代作品愈加明显，蓝月亮致力于洗衣液环保创新，有效降低洗涤剂全生命周期的环境影响，荣获行业首批"绿色产品"认证。这一品牌与节目合作，将共同为保护环境作出贡献。

4. 国产运动品牌环保系列

特步作为湖南卫视和芒果TV长期友好品牌，在《无痕旅行团》中变身"无痕卫士"。2020年6月，特步成立环保科技平台，新推出的系列服装，在特定环境下土埋，不到一年时间就能自然降解。特步从户外旅游运动出发，与节目携手打造一场环保公益行。

5. 互动支持：公益品牌

蚂蚁森林是一项旨在带动公众低碳减排的公益项目，每个人的低碳行为在蚂蚁森林里可计为"绿色能量"。节目所获得部分收益将与蚂蚁森林合作，以植树造林等形式回馈到旅游打卡的相关环保公益项目中，以实现经济效益与社会效益的结合。

（三）合作方式

1. 话语植入

话语植入是最主要的广告植入方式。通过节目人物的语言将产品信息传达给观众。嘉宾每次拿出vivo手机拍照时，它的宣传语"照亮你的美"也通过口述的方式触及观众。

2. 视觉植入

现场摆放商品是最直接的广告植入方式，一般以角标、背景板、现场产品摆设等方式展示品牌logo，使观众在观看节目中不可避免地看到与产品相关的内容并且留下印象。

3. 体验植入

旅游生活类的网综，对于品牌软植入有着天然的优势。节目嘉宾直接使用广告商品的体验，不仅能够使观众有直观的产品使用感受，也增加了一波品牌好感度。譬如嘉宾使用"好爸爸洗衣液"时可以通过穿插特写镜头，使观众对品牌记忆深刻。

4. 环节植入

为产品量身设计节目环节，在产品理念与节目理念契合的前提下，这种灵活性的植入会让观众更容易接受，也可以大大增加品牌好感度。在《无痕旅行团》中，与支付宝旗下的蚂蚁森林达成合作，嘉宾完成任务后，即可贡献相应数目的"树苗"，为地球绿化作贡献。

5. 品牌IP最大化

对于一档网综来说，变现的主要方式就是广告和付费，衍生节目对于挖掘这两方面的商业价值具有重要价值。近期大部分节目都推出VIP专享衍生节目。《无痕旅行团》将采取每周"1集正片＋2集会员衍生节目"的播出机制，在衍生内容中保留冠名商的权益。这样使得赞助商能够以1倍的价格享受2～3倍的曝光量，让品牌IP实现效益最大化。

八、流量变现

（一）广告变现

除了传统的硬广投放，还将通过软广、冠名、贴片等形式，在保证受众观看体验的同时，将节目获得的注意力资源转化为广告主购买的商品，带动流量进行变现。

（二）增值服务

除了综艺节目的正片之外，一些热度高的嘉宾（包含飞行嘉宾）的单人未播出视频将以花絮的形式进行付费投放，定价低但力图最大程度利用资源，将明星热度和节目话题结合拉动流量变现。

（三）明星互动

每期节目播出后，该节目的明星嘉宾将会在微博与粉丝展开互动，增强节目互动性和趣味性的同时，吸引受众关注，促使流量变现。同时粉丝可以通过低碳出行、步行跑步等方式在蚂蚁森林积攒绿色能量，在微博话题下打卡助力，蚂蚁森林还会专门为节目开放"公益林"，观众在"公益林"的浇水克数可以按比例兑换成实际相应数量的树木棵树，为环保事业贡献一份自己的力量。

（四）直播变现

在节目环节中，涉及明星帮助当地人进行直播带货的活动，既帮助当地人增加了收益，又提升了节目知名度。

九、公益服务

因本节目本质上仍是一档以公益环保为主的节目，在保证经济效益的同时，也非常注重社会效益。

（一）落实环保行动

节目组设定在嘉宾每完成一个任务之后，都会获得本期的任务奖品，当奖品积攒到一定数额之后，就能兑换成该数额对应价值的公益事项，将虚拟的奖品变为具体可行对社会有益的行动，体现了节目组积极承担社会责任、真实服务社会，始终如一贯彻环保的理念，也能更好地传达出社会主义核心价值观。

具体实例分析：如台本所示，如1期至3期的节目地点选在宁夏回族自治区腾格里沙漠，聚焦土地沙漠化问题，则该期间任务完成的奖品则会相应地兑换为种植草方格的面积，节目组与支付宝蚂蚁森林联合承担固沙的相关费用；如果是在西双版纳，则会将任务奖品兑换成相应的金额投入到当地自然保护区建设；如果在三亚珊瑚礁保护区则兑换为珊瑚礁保护区的面积，以此类推。

（二）使用社交媒体平台宣传带动环保行为

观众可以通过乘坐公共交通、步行跑步、骑单车等方式在蚂蚁森林积攒绿色能量，在微博话题下打卡助力。蚂蚁森林还会专门为节目开放"公益林"，观众在"公益林"的浇水克数可以按比例兑换成实际相应数量的树木棵树，为环保事业贡献一份自己的力量。

十、媒体推广渠道

（一）用价值观引领提升节目品牌口碑传播

综艺节目不能是无意义的纯娱乐节目，必须要有社会责任担当和价值引领的复合价值。《无痕旅行团》节目的核心是"小小的改变，守护大大的家园"这一环保精神，节目要展现人们保护环境、爱护生态的决心。因此，节目通过进行有意义的社会话题讨论，形成观众对节目的关注度，从而达到节目宣传的目的。

（二）微博、支付宝平台带动全媒体覆盖

新媒体环境下，电视综艺节目不再仅仅是内容策划的竞争，传播渠道也发

挥了同样重要的作用。随着媒体产品的多样化和信息爆炸化，如何尽可能抢占宣传渠道、占有用户注意力成为宣传的关键。《无痕旅行团》上线芒果TV，背靠湖南广播电视台，具有丰富的宣传经验，能够为全媒体平台量身定做符合渠道传播的宣传物料。例如节目组已经和支付宝旗下的蚂蚁森林达成合作，嘉宾完成任务后，即可贡献相应数目的"树苗"，为地球绿化作贡献。在后续节目的播出中，支付宝也将提供一段时间的开屏广告，在宣传节目的同时点明支付宝对环境的贡献，起到双赢的作用。

（三）明星矩阵策略

《无痕旅行团》的五位嘉宾：欧豪、刘昊然、杨迪、谭松韵、赵今麦都是当红艺人，拥有数量巨大的粉丝基础，受到广大粉丝的喜爱与支持。通过他们在微博平台的直接和间接宣传，参与的节目从制作阶段就已有一定热度。

（四）粉丝营销策略

如今每个人都可以成为传播者，每一位参与的粉丝无疑成为一个个传播口。粉丝通过对节目内容的二次剪辑与传播，成为节目宣传的强大推手。每期节目播出后，该节目的明星嘉宾将会在微博与粉丝展开互动，增强节目互动性和趣味性的同时，吸引受众关注。同时粉丝可以通过低碳出行、步行跑步等方式在蚂蚁森林积攒绿色能量，在微博话题下打卡为自己的偶像助力，蚂蚁森林还会专门为节目开放"公益林"，观众在"公益林"的浇水克数可以按比例兑换成实际相应数量的树木棵树，为环保事业贡献一份自己的力量。

十一、竞品分析

近几年来，我国综艺市场的规模也不断扩大，根据九合数据《2019上半年中国综艺节目广告营销白皮书》显示：从2014年的133亿元增至2018年的331亿元。据公开数据显示，2019年上半年中国综艺广告市场规模接近220亿元，同比增长16.1%。与此同时，慢节奏综艺类型的产量已经呈现出了"井喷式"的增长状态，市场竞争逐渐加剧，行业内卷趋势明显，观众逐渐来到审美疲劳的边缘。要如何在这样的市场前景下脱颖而出，是各大平台目前面临的问题，也同样是对《无痕旅行团》的考验。

而《无痕旅行团》作为主打环保主题的旅游类慢综艺，制作组在策划之初就已经充分考虑到这一问题。该综艺对目前国内的慢综艺市场定位清晰，对标同类产品也具有自身的独特优势，不惧市场挑战，致力于做到"慢"而有味。《无痕旅行团》制作团队没有过多地介入节目情节，而是将目光聚焦于人与人、人与自然的和谐共处。在制作团队所设置的特定真实环境中，能充分发挥嘉宾的自主性，又能深刻体现真实性以突出主题。

下面将《无痕旅行团》与以下两部慢综艺进行对比分析。

（一）《小小的追球》

1. 节目简介

《小小的追球》是一档先锋试验旅行真人秀节目，由黄子韬发起，芒果TV平台制作，固定嘉宾为黄子韬、周冬雨、王彦霖和尹正，共有14期。在这个节目中黄子韬、周冬雨、王彦霖、尹正"追球团"，一路从北极、冰岛站，转至丹伯灵、巴厘岛站，最终收官在西双版纳、昆明站。节目将冰川消融、海洋环境恶化、野生动植物濒危等环境现状，以旅行探索的方式一一呈现在镜头前。

2. 竞品分析

《无痕旅行团》看似与同为环保旅游类的慢综艺《小小的追球》有诸多相似之处，但却有许多自身的特色。

首先在节目理念上，与《小小的追球》"赶在一切消失之前"的号召不同，《无痕旅行团》呼吁受众齐心协力，"用小小的行动，守护大大的家园"，一个侧重于见证、记录与观察，一个侧重于实践和行动，让受众在受到情感触动之后，将此转化为保护环境切实行动的动力，共促社会进步，同时也填补了《小小的追球》缺少实际公益行动的空缺。并且《无痕旅行团》关注并提倡"无痕生活"新理念，在一次性用品充斥的现代快节奏生活，让这样一种尽量不留痕迹，尽量不给环境造成更大负担的生活方式和操作方法为受众所熟知。

其次在节目内容上，《小小的追球》从北极、冰岛站，转至丹伯灵、巴厘岛站，收官于西双版纳、昆明站，视野扩散在全球，涉猎地点比较广泛。而《无痕旅行团》仅聚焦于中国国内环境保护的阶段性成就，只选取了四个地点即腾格里沙漠、黑龙江黑河、云南西双版纳和三亚珊瑚礁保护区来进行拍摄，从植树造林、海洋净化、土壤保护、珍稀野生动物等环保主题出发，能够更细致生动地介绍每一个部分的环保建设成就与面临的环境问题，倡导受众从身边的小事做起。

（二）《亲爱的客栈》

1. 节目简介

《亲爱的客栈》是湖南卫视推出的经营体验类观察真人秀节目，节目通过让明星们经营客栈，感受到与平时不同的生活，远离喧嚣，在慢节奏生活中寻找生活初心。节目每季共12期，截至目前，《亲爱的客栈》一共播出三季。

2. 竞品分析

《亲爱的客栈》节目与本节目同属慢综艺范畴，且也不断在制作中输出环保理念和填补回应受众的精神需求。在最新的第三季，《亲爱的客栈》以黄河宿集为取景地，要求嘉宾们在此经营客栈，并且借此进行一系列的环保主题分享。相较而言，《无痕旅行团》的环保理念更为突出，将环境保护融于嘉宾体验，融于旅行过程，也融于途中故事之中。节目在兼顾娱乐性的同时也更多地担起了社会责任，虽同为宣传环保的慢综艺，但《无痕旅行团》的设计与定位具有更高的环保属性和社会效益。

十二、媒体操作手册

作为一档主打环保理念的正能量综艺，《无痕旅行团》也将吸取其他环保类综艺节目"翻车"的经验教训，更加注重媒体制作细节，在获得巨大流量的同时，时刻保持正面形象，做好正面引领。

在拍摄前，节目组首先将会聘请专业环保人士和相关领域专家学者为节目顾问以及监督员，对涉及环境保护的事项提出专业指导意见，让节目组科学有效地践行环保理念。其次，对节目制作过程中涉及的每一个工作地点，提前进行环境考量以及评估。尤其涉及自然保护区的拍摄问题，提前考量如何设置机位、如何安排工作人员才能将节目制作对环境的负担最小化等问题。

在节目拍摄过程中，节目组将贯彻环保理念，一切以环境为先。除了遵守拍摄地对团队的基本要求，还会将"无痕生活"理念践行在节目制作过程中。比如减少塑料袋使用、团队工作餐减少一次性餐具使用、拍摄结束后对拍摄现场细致处理和还原等，大到整体方向，小到各种细节，在节目组工作中均会在顾问的指导和监督下尽量关注到。

在节目拍摄完成后，首先后期制作的剪辑团队会更加仔细地检查节目画面是否宣扬有不符合环保理念的行为出现，关注画面中出现的物品和细节。其次节目的公关团队除了会传播节目组幕后环保行为以制造节目热点，同时还会提前做好一旦出现环保问题，节目组一系列应对措施的预案。媒介部门也将会适时地策划和举办各种专门活动，以塑造团队良好形象。

《我的新老师（体育季）》节目创作手册

一、节目简介

　　《我的新老师（体育季）》是由腾讯视频制作的大型观察类真人秀节目，每周六晚8点进行90分钟的节目播出。节目立足于国家"双减"政策、"体教融合"和"教育资源互通"背景，以新时代体育老师在乡村中学进行体育教学设计为主线，记录了8位参赛选手在教育专家和清华附中老师组成的专家评审团的带领下，到湖南省长沙市宁乡县双江口中学，在比赛选拔过程中为当地带去先进的教学理念，构建体育教学体系，同时传递出体育教育行业从事者的使命感、专业度和责任心。节目共12期，分为3个不同运动项目主题赛段，在每个赛段选手将完成一次与主题相同的公开课展示。最终经过层层考核与筛选，1位实习体育老师将脱颖而出，得到清华附中正式教师的"offer"并代表清华附中和其他老师一起到该乡村中学支教一年，同时其设计的体育课教案将作为双江口中学体育教学的模范案例供其他老师学习探讨。

　　观察室固定主持人是张绍刚，明星嘉宾包括金晨、王嘉尔，根据每个赛段不同的主题，节目组会邀请相关领域的明星或运动员担任飞行嘉宾，在演播室一起参与观察，根据节目规划参与现场录制。

二、节目背景

（一）总体背景

　　当下，城乡教育资源不平等问题突出，对于教育资源均衡化、教育资源共享的话题不断被强调提及。不仅在教育教学质量上存在差异，以体育教师群体为代表的教师数量上也存在着"体育老师紧缺"的问题。"2600个孩子只配备2个体育老师"成为部分农村中小学的真实写照，可见农村中学对高质量体育老师的迫切需求。

首先，"体育"越来越成为人们重要的生活方式，享受体育生活、养成运动习惯、掌握体育技能，不应该仅仅是城市孩子的"专利"，也应该是农村孩子们的"权利"。与此同时，国家政策同步重视发力，体育强国建设和健康中国战略的实施，反映了国家对中国体育现代化进程的重视；"双减"政策的出台，又为广大学生的体育活动提供了更充足的条件和更高的要求。2022年北京冬奥会的举办，更将为中国体育事业的进一步发展增添新的活力和动力。在这样的背景下，"体育"相关内容节目关注度提高、需求扩大，"体育老师"群体作为教授体育技能的重要主体也得到了更为广泛的关注和重视。

其次，乡村教育和乡村教师群体都需要更多的社会关注，对于体育老师的误解在相对落后的地区也会更加严重，亟待合适的渠道和平台帮助体育老师群体消除偏见和误解，帮助大众了解"体育教师"职业的规则、特点、要求和规范，让体育老师群体获得更多的理解、关注和信任。

市场方面，虽然目前市场上已经有较为成功的典型节目案例，"体育类"综艺如《超新星运动会》《大冰小将》，"校园观察类"节目如《一年级》，"职业观察类"节目如《令人心动的offer》，但将"校园""体育""职业"三者相结合，同时兼顾"教育均衡"原则，关注乡村教育的节目暂未出现，该类型仍属于节目市场上的一个空白区域，亟待开发挖掘。根据公开资料显示，2020上半年全网热播综艺TOP100中竞技和观察类的爆款综艺数量仍居于前列，可见"竞技"和"观察"仍为目前爆款综艺节目的关键词（见图1）。

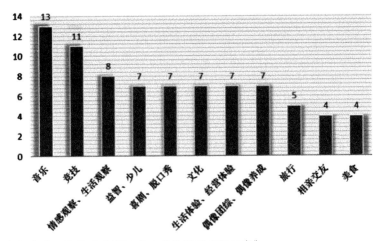

数据来源：搜狐网《2020 年上半年综艺市场观察》

图1 2020 上半年全网热播综艺 TOP100 中热门类型及节目数量

（二）必要性

当下，社会上存在着人们对体育的重视程度显著提高、学校体育亟待发展和体育教育人才水平参差不齐、专业的体育教育人才缺口较大的矛盾。这样的矛盾在乡村中学中尤其突出。

第一，城乡存在教育不均衡问题，需要得到更广泛的关注和重视。城乡教育不均衡问题在当今社会长期存在。目前，社会上沟通城市和乡村的信息渠道相对缺乏，对于真实乡村生活和乡村教育水平的展现有限，对于教育不均衡问题解决方法的探索方向也相对有限。

第二，国家、社会乃至个人对于体育的重视程度不断提高，"大众健身"理念深入人心，随着2008年北京夏季奥运会和2022年北京冬奥会的成功举办，我国的体育氛围和体育参与人数都有显著提高，竞技体育、学校体育和大众体育同步发展。与之相对应，农村地区体育意识的发展相对落后，对于体育技能的学习渠道和掌握水平都相对受限，亟待专业的"体育老师"提供相应的体育教育。本节目试图在清华附中的高水平体育教育与乡村中学之间搭建帮扶桥梁，促进乡村地区学校体育教育水平的提高。

第三，青少年亟须有益、有效的体育运动改善身体状况。教育部召开的

2021教育金秋系列发布会数据显示，全国有67%的中小学生没有足够的睡眠时间，有22%的学校存在体育与健康课程时长不够，体育课被占用的现象，2019年，6～22岁学生体质健康达标优良率仅为23.8%。公开数据显示，我国中小学生肥胖率居高不下，近视率全球第一。解决这些问题，学校体育将发挥重要的作用，农村学校和城市学校应该同步发力。此外，在"双减"政策的背景下，学校体育工作的社会关注度越来越高。农村地区学生对于体育技能的学习和掌握程度有限，体育活动缺乏规范性，亟须专业老师的指导。

第四，随着"双减"政策的实施，不少学校将体育运动纳入课后服务项目中。可以预见，随着"双减"政策的持续发力，将有更多的学生走向操场、走进自然、走近阳光，积极参与各项体育运动。除此之外，北京市体育中考改革背景下，体育考试次数增多，考试形式改变，对于体育老师的需求量同步增多。但与此同时，中小学体育教师，尤其是农村中小学体育教师数量仍存在较大缺口，作为促进学校体育发展的重要角色之一的"体育老师"却没有得到社会足够的重视。事实上，学校中的"体育老师"同样存在着体育教育水平参差不齐和高水平专业体育教育人才缺乏的显著问题。数据显示，2018年全国体育教师55万人，有20万左右的缺口。教育部2021年10月26日召开的新闻发布会当中，国家有关部门提出了关于"'双减'后体育老师严重不足"的问题，尤其在乡村学校中，"体育老师缺乏"问题更加突出，可见"体育老师"的重要性和紧缺性。

三、节目内容

（一）赛制

节目共分为12期，4期为一个交接点，每4期进行专一体育项目的教学。以新时代体育老师视角为出发点，经过报名及海选，筛选出一批有梦想、愿意为国家体育教育作出贡献的年轻人。节目的三个赛段分别为篮球、足球、乒乓球三个主题，4期一个主题，每个主题项目录制周期为两周。在两周时间内分别设置三次考核——两次小考和一次大考。每个主题中，选手们的主线任务是对一项体育项目进行教学课程设计并完成授课。第一次小考内容为教学项目知识答题竞赛，第二次小考为教案设计，大考为公开课展示。小考由专家评审团和双江口中学体育老师进行现场打分，大考由专家评审团、双江口中学体育老师以及学生共同打分。每项考核的总分都为100分，最后每个阶段根据三次考核得分计算出选手综合得分，小考成绩各占20%，大考成绩占60%，从高到低依次排名。第一个主题赛段结束后淘汰2人，第二个主题赛段结束后淘汰2人，最终从留下的4名选手中在第三赛段决出1名获得留任机会。节目中，最终打分及选手去留将由专家评审团和双江口中学体育老师共同决定。评审团包括教育领域专家、清华附中教学主管和清华附中体育教育组组长。每个阶段的大考打分环节中，选手所在班级学生将也会参与打分，以学生的喜好度来展现教育水平高低。突出学生的感受，将教师的要求深入选手心中。

（二）现场录制环节

节目现场由8位选手和专家评审团共同参与录制。参赛报名将不限制专业及教育背景，节目组欢迎每一个怀揣体教梦想的年轻人前来参与。当选手最终通过选拔，得到留任机会后，本人需在一年有效期内考取教师资格证，方可入职。这样的节目形式，将会大大鼓励参赛选手的热情，提高参与度，吸引受众关注。以参赛选手的多样化，突出表达当代教育形式的多样性，展示新时代青年的风采。节目录制过程中，选手将进入学校体育组工作，分别跟随两位双江口中学的在职体育教师，在日常教学中选手将经历辅助在职老师备课、聆听在职老师授课等环节。除此之外，选手们还将分别担任双江口中学初一、初二两个年级各班级的副班主任，完成日常的坐班、带操等任务，与学生朝夕相处，解决他们日常生活中的困难，保持良好沟通和交流。选手们将在体育组带教老师和对应班级班主任的指导下，完成小考和大考的任务。每周会有一次谈心环节，选手可以挑选评审团中的任意一名专家或老师谈心，解决这一周教学过程中所遇到的困难。每天所有的任务结束，节目组对选手和带教老师进行采访，总结一天的经历和感受。

（三）播出正片环节

在演播室中，节目组将每周的节目素材进行剪辑制成VCR小片，用于主持人和嘉宾在演播室中的观察讨论，并分为两期播出。同时在每次演播室观察录制之前，导演和编剧将观看制成的小片并寻找话题点，提出可以讨论的话题同时提前交给主持人，在录制过程中由主持人抛出问题引起观察嘉宾们的讨论。在节目中将由主持人控制小片的播放和暂停，根据导演和编剧意愿控制录制节奏。同时在每次考核内容之前演播室内都会进行预测环节。嘉宾在演播室中预测选手的成绩或排名，预测成功的嘉宾可以获得一枚预言家勋章，获得预言家勋章最多的嘉宾在节目最后可获得最佳观察员的称号，每个赛段结束后，节目组都将以最佳观察员的名义向双江口中学捐赠体育教学设备。每一期的节目流程总体上为：开场时由演播室的主持人介绍嘉宾，提出本期的主题然后播放小片，小片内容为选手们在学校进行的考核和日常，播放的过程中穿插专家和明星嘉宾的点评和预测，教育专家和微反应分析家对选手的行为进行教育学和心理学的分析。

四、节目特点

《我的新老师》是一档面向全年龄段观众的大型观察类真人秀节目，整个节目具有社会性、冲突性、教育性、不可预知性和颠覆性的特点。

（一）社会性

让贫困地区的孩子接受良好教育是扶贫开发的主要任务。湖南省长沙市宁乡市双江口中学是"双减政策"下的一所科技创新中学，办学条件朴素。本次清华附中派出体育教育领域专家团前往双江口中学，目的是将乡村中学的体育教育规范化。同时节目可以给大众以启发，吸引社会对贫困地区教育资源和教育水平的更广泛关注，让更多人加入"教育扶贫"的行动中来，促进贫困地区教育的发展。

（二）冲突性

《我的新老师》是一档观察类真人秀，在一个需要自己做选择、没有外力可以依靠的环境中，特别是当选手是一群教学经验不那么丰富的实习体育教师时，选手与选手之间、选手与老教师之间、选手与学生之间、选手与家长之间常常会因为沟通欠缺或者经验不足而导致的问题产生冲突。

（三）教育性

清华附中的体育组教师在指导实习体育老师和进行教育帮扶的过程中，传递先进的教育理念和生动的教改经验，教育行业从事者可以通过节目吸收一些新鲜的教育理念和观点；该档节目虽然是选拔体育老师的节目，但学生们通过节目可以看到教师工作的不易以及不同地区教育资源和水平的差距，更加珍惜所拥有的教育资源和尊重老师们的劳动成果；节目中老师与学生互动以及老师与老一辈教师的交流，不同的教育理念和教学方法会得以显现。教育行业从事者可以通过节目吸收一些新鲜的教育理念和观点。

（四）不可预知性

除了节目的游戏、访谈、派任务等环节节目组有一定的设置外，节目组不会对选手的具体行为进行任何干预，选手在节目中所做的选择和表现都是遵从自己内心的、未经过设定的，这一操作导致了节目的内容具有不可预知性，更具看点。

（五）颠覆性

过往社会普遍观念中存在对体育老师"四肢发达，头脑简单"的偏见，该档节目通过全方面地展现选手的备课、教学以及日常与学生相处的过程，在一定程度上消解这一偏见，改变大众对体育老师的看法。对于从事教育行业的人来说，他们通过本节目，也可以寻找到一定的认同感和价值感。

五、节目人员

（一）选手

1. 选手要求

善于将最新的教育理念用最通俗的方式传递给学生，能够根据不同学生特点制定出最适合他们的教学方案。在日常对学生体育教学中最大程度激发更多学生对于体育的热情，发掘学生身上体育方面的闪光点，闪光点包括但不限于体育运动天赋方面以及体育知识方面。为更多的学生提供更专业的体育培养，同时为学生的大学专业选择以及就业方向提供更多的可能性，例如从事体育相关的工作，或是进入大学后加入学校高水平运动队。

2. 选手人设

本节目将选拔八位素人选手参与。作为一档观察类真人秀，选手的性格特点越鲜明，选手之间的差异化越明显，节目的冲突性和可看性就会越突出。基于此前提，我们为想要寻找的八位参与节目录制的素人选手进行了简要的画像。

表1　素人选手画像

选手序号	性别	性格	能力
1	男	阳光开朗、亲和力强	有一定体育专业素养，聪明、努力
2	男	老实憨厚、做事粗心	上进但能力有限，容易犯错误
3	女	干练，刀子嘴豆腐心，表面严格但内心柔软	专业能力突出
4	女	温柔，容易心软，难以树立威信	
5	男		退役运动员
6	女	执着、坚定	极其热爱某个项目，但非体育专业出身，立志成为一个体育老师
7	男		体育教育专业学霸，知识能力强，实践能力不强
8	男	自带幽默细胞，经常制造笑料	

（二）嘉宾

1. 嘉宾要求

（1）演播室嘉宾

主持人应该了解每一位选手和嘉宾的特点，让适合的人在适合的节点进行发言。同时在录制过程中能够快速了解导演和编剧的意图，自然、顺畅地带环节并引发讨论。自己还应该具有一定的分析选手能力。明星嘉宾以及专业领域嘉宾应该发挥自己的专业特长，对节目选手表现提供有针对性的点评，为节目增加专业性及多元性。

（2）现场嘉宾

教育专家作为教育领域的专家学者，应对中国教育体制及背景有深入的研究，并对国际上较为前沿的教育理念有所涉及，在节目中教育专家团应从理论层面为节目剖析选手性格、风格提供更丰富的角度。

清华附中教学主管作为实践教学方面的专业人士，应拥有着丰富的教学实战经验，了解参与节目学生的总体状况，知道什么样的老师最适合学校的学生。在考核打分过程中应着重考量选手方案的可行性及实用性，原则上该角色不会与选手在日常生活中有过多接触，仅作为专家评审团成员进入选手谈心环节以及为每个阶段的三次考核打分。

清华附中体育组组长是体育实践教学的权威人士。应拥有多年的一线体育教学经验，对体育教学有较为深刻的理解，有能力把握整个学校体育教学的整体方向，并根据双江口中学学生的情况筛选出适合，为学校的体育教学提供合理、规范的指导。其在节目中主要担任客串主持人以及选手的主要负责人，负责任务发布、活动组织、教学设计大方向上的把握。在打分环节应着重考察体育方面的专业度及选手方案在针对乡村中学体育教育的可行性及实用性。

双江口中学体育组教师作为在节目中与选手相处时间最多的角色，其主要负责在日常工作中带领选手一起进行体育课备课、课程教学等环节，使选手了解和熟悉作为一名体育教师每天的工作内容，帮助其尽快适应教师的生活。在教案设计环节为选手教案设计提出实质性建议，并解决选手日常生活问题。同时还需要为follow PD提供更多关于其负责选手的细节。

2. 嘉宾选择

（1）演播室嘉宾

张绍刚，节目固定主持人，中国传媒大学博士生导师。作为一名地道的媒体人，他知识渊博，幽默风趣，凭借自己与众不同的主持风格和性格特点而被大众熟知。同时，他曾主持求职类节目，有相关节目的主持经验，在教育领域和主持领域都有突出成就，是这个节目的不二人选。

金晨，节目固定嘉宾，中国内地影视女演员、模特。自幼练习舞蹈，拥有职业舞者经历。其在多档综艺节目中大大咧咧的性格以及自带的搞笑效果，是团队的开心果，给人非常温暖、积极向上的感觉。

王嘉尔，节目固定嘉宾，中国香港流行乐男歌手、音乐人、主持人。王嘉尔12岁参加全运会，获得人生第一枚击剑金牌；在个人运动生涯中拿下三枚亚洲冠军、三枚全国冠军、九枚国际和香港冠军，有丰富的运动经历。曾任《这就是街舞》节目导师，长相帅气阳光，性格活泼可爱，有综艺感和担任导师的经验。

姜振宇，节目固定嘉宾，微反应分析专家，中国政法大学微反应研究小组组长，对心理学也有一定的研究。曾参加两档综艺，引起大众对"微反应"的关注。在该档节目中，他可以分析选手的一些微反应，剖析他们的行为，增强节目的趣味性。

李现，篮球主题赛段嘉宾，中国内地男演员，以《亲爱的热爱的》一剧为大众所熟知。在大众面前一直是阳光、帅气的温暖大男孩形象，平时喜欢打篮球和运动。

鹿晗，足球主题赛段嘉宾，中国内地男演员、歌手。以偶像团体出道，曾参与多部热门综艺，性格活泼，有综艺感。同时是个足球迷，曼联俱乐部的忠实粉丝，喜欢踢足球。

白敬亭，乒乓球主题赛段嘉宾，中国内地男演员。曾出演《荣耀乒乓》中的徐坦一角，对乒乓球比较了解，并且热爱运动，平时喜欢打篮球和跑步。参加过一系列综艺，有较强综艺感。

孙悦，篮球主题赛段嘉宾，中国职业篮球运动员，曾为首钢队、北控队效力。曾担任《这就是"灌篮"》导师，有担任导师的经历，深受大众喜爱，被称为"孙大圣"。

范志毅，足球主题赛段嘉宾，足球运动员，原中国职业足球运动员、国家足球队队长。现任上海申花足球俱乐部青训总监兼预备队主帅。曾担任过教练和球员，说话幽默风趣，对足球有自己独到的见解。

（2）现场嘉宾

朱永新，教育专家。多次被评为"中国十大教育英才"、改革开放30年"中国教育风云人物"，出版"朱永新教育作品"，曾参加《开讲啦》节目，在教育领域深耕，观点独到，具有权威性和说服性。在学校现场进行指导，担任谈心环节的导师。

清华附中教学主管：是学校教育教学工作的主管负责人。

清华附中体育组组长：体育教学的权威人士，拥有多年的一线体育教学经验和管理经验。

双江口中学体育组教师：主要负责在日常工作中带领选手一起进行体育课备课、课程教学等环节。

（三）节目工作人员要求

1. 总编剧

带领编剧团队对选手和嘉宾进行大量的前期调研工作，以做到对选手和嘉宾拥有多渠道、全方位的了解（包括但不限于选手的性格特点、成长经历、教育经历、兴趣爱好；选手所在班级学生的学习情况、性格特点、家庭情况；学校体育组教师们工作经历、个人发展经历等），从而在节目发展过程进行预判，发掘和设计出能够增加节目悬念及看点、展现选手性格的故事线，并设置环节引导选手进入情境（如设置对特定学生的家访、召开班级家长会、解决学生与学生以及学生与家长之间的矛盾、与有共同经历的老师谈心等），不断增强节目在剧情上的故事性。

2. 跟镜导演

全程跟随指定选手，要做到真正了解选手，与选手交朋友。在录制过程中了解该选手在这一天发生的一切并记录在册，根据选手性格随着节目进行设计冲突、剧情，汇报给总编剧，由总编剧进行最后决策。同时负责每天选手采访提纲的撰写。

3. 剪辑师

理清故事线，放大细节，制造情绪点波动。

六、录制学校

（一）清华大学附属中学

"无运动，不清华"，清华附中坚持着清华百年的运动习惯，秉承体育育人的理念。清华附中拥有著名的马约翰体育特长班。该班创办于1986年，办学过程中一直坚持"育人至上"的办学宗旨，不断完善"教体结合"的办学模式，旨在打造全面发展、具有突出体育特长、胸怀祖国的高水平体育人才。至今已经培养出近十名国际健将。而面对普通学生，清华附中采用体育特色办学"1＋X"模式："1"代表每天一节体育课、一个健身大课间、一个体育自主选修课；"X"指兴趣选择，比如马约翰杯、晨练微课堂、学生社团活动、学生水木秀场等。

这样优秀的体育氛围以及先进的体育教学理念，让清华附中拥有先进、专业、优质的教师资源，而本次节目则是通过对新生代体育教师选拔的契机，让清华附中强大的体育资源辐射到更广阔的范围，为其他省市县乡村中学的体育教育提供精准帮扶，规范化授课，实现教育资源的互通。

（二）湖南省长沙市宁乡县双江口中学

双江口中学是一所办学条件十分朴素的乡村学校，也是"双减"政策下的一所科技创新中学。坐落在两弹一星勋章获得者、中国科学院原院长周光召先生的家乡双江口镇，受历史积淀和人文影响，学校素来重视学生的科创教育。本次节目组将这所中学选为被帮扶的乡村目标中学，原因是学校虽然办学条件朴素，但是拥有科创教育的背景，学生整体素质较高。同时学校体育教育教学方面相对薄弱，缺少系统科学的体育教学体系，通过节目来自清华附中的优质师资以及新生代选手的到来为乡村学校挖掘新的体育教学模式，留下一套适合该学校的体育授课流程，从而提高双江口中学乃至整个地区的体育教学质量，让双江口中学成为科技与齐头并进的优质乡村中学。

七、节目流程（以篮球主题阶段为例）

（一）现场录制固定环节

表2　节目流程

天数	时间	主题	内容	地点
前一天	9：00	出征仪式	清华附中领导发表讲话，对清华附中即将到双江口中学提供体育教育帮扶的教师团队提出要求和期许，同时为8位参与节目的新生代体育教师提出期待。	清华附礼堂
前一天	18：00	双江口中学校长前采	介绍学校体育教学方向的特点，提出学校对于招收体育教师的要求。	
	18：00	双江口中学学生前采	你眼中的体育老师＋你期待的体育老师。	
第1天	8：00	欢迎仪式	参赛选手到达双江口中学，由校长简单对学校进行介绍并表示欢迎，随后入住学校教职工宿舍。	校园大门外
	9：00	选手见面会	选手自我介绍； 专家评审团与选手见面； 清华附中体育组组长宣布规则：比赛共分为三个阶段，每个阶段的参赛选手需要对一项体育项目进行教学课程设计并完成授课。每个主题项目录制周期为两周，在两周时间内分别设置三次考核——两次小考一次大考。第一次小考内容为教学项目知识答题竞赛，第二次小考为教案设计，大考为授课展示。考核过程均由校内评审团对参赛选手表现进行打分。每项考核的总分都为100分，最后每个阶段根据三次考核得分计算出选手综合得分（得分占比：小考各占20%；大考占60%），从高到低依次排名。每个阶段结束后排名在最后两名的选手都将被淘汰，最终的优胜者可以获得与学校的签约权。 布置第一次小考任务：采用一对四的形式将选手分配给双江口中学体育组的老师，形成师徒组合。（清华附中体育组组长负责串场）	学校礼堂

天数	时间	主题	内容	地点
第1天	14：00	分配班级	将8位参赛选手分配进不同的8个初中班级内担任副班主任，负责管理同学们的日常生活，与同学们朝夕相处。	学校礼堂
	19：00	高二年级会	选手们正式与同学们见面，简单介绍自己。	学校礼堂
	21：00	师徒个采	根据每日表现由follow PD提出问题进行采访。	教室
第2天	20：00	师徒个采	—	教室
第3天	20：00	师徒个采	—	教室
第4天	14：00	第一次小考	专家评审团和体育教师将会与每名选手进行单人面谈，选手阐述对公开课环节设计的构想。专家评审团和双江口中学教师根据选手设想的针对性、专业性、趣味性、可行性打分，并针对提出合理建议与修改意见。	学校礼堂
	20：00	师徒个采	—	教室
第5天	14：00	谈心环节（第一次）	选手可以在评审团中挑选任意一位成员进行谈心，提出自己在日常工作中和与同学们相处期间的问题和疑惑，由评审团成员进行解答。同时评审团成员也可以根据自己的日常观察，指出选手们可以提高和改进的地方。	教室
	19：00	学生采访	采访学生一周与新老师相处以来的感受。	教师
	20：00	师徒个采	—	教室
第6天	13：00	趣味运动会	节目演播室的主持人、明星嘉宾、飞行嘉宾都将来到双江口中学分配进不同的班级中，参与到本次趣味运动会。运动会项目主要包括：篮球赛、跳大绳比赛、旋风跑、投掷四个项目。项目均以班级为队伍，且每个队伍中必须包含一名节目相关角色。篮球比赛每个班级由演播室嘉宾、参赛选手和班级学生组成篮球队抽签后进行两两对战。通过这样的形式来拉近新副班主任（选手）和学生们的距离，同时也让选手们了解到如今的初中生们的特点，使其在设计教案过程中更有针对性。	操场
	20：00	师徒个采	—	教室

续表

天数	时间	主题	内容	地点
第7天	14：00	师徒个采	—	教室
	19：00	学生家访	经过近一周的相处，参赛选手对自己班中的同学们已经有了初步的了解，一定会有个别同学的"故事"让参赛选手更进一步的了解。因此节目组为参赛选手设计了这次家访的环节，可以让选手更深入地了解乡村中学的学生们以及他们的家庭，展现师生之间的温情与感动。	学生家中
第8天	9：00	亲友连线	在这个环节中参赛选手可以视频连线任何自己想联系的人（除评审团外），可以是家人、朋友，也可以是自己曾经的老师，通过和他们的沟通交流或是宣泄内心的压力，或是分享难忘的瞬间。节目组希望通过这样的环节来将参赛选手不为人知的一面展现出来，使人物更加立体。	多媒体厅
	16：00	师徒个采	—	教室
	19：00	聚餐	参与人员：双江口中学体育组老师＋选手	
第9天	20：00	师徒个采		教室
第10天	14：00	第二次小考	公开课教案设计的展示会。每位选手根据自己设计的篮球教学教案制作PPT，每人拥有5分钟的展示时间。专家评审团和双江口中学体育教师根据评分表对选手各个方面进行打分。	学校礼堂
	19：00	小考成绩宣布		教室
	20：00	师徒个采	—	教室
第11天	14：00	谈心环节（第二次）	选手可以选择教育专家或是体育组负责人进行谈心，提出自己在过去一周日常工作中和与同学们相处期间的问题和疑惑，由教育专家或是体育组负责人进行解答。同时教育专家或是体育组负责人也可以根据自己的日常观察，指出选手们应该提高和改进的地方。	教室
	20：00	师徒个采	—	教室

天数	时间	主题	内容	地点
第12天	9：00	教材选购	由导演组带领所有选手前往学校所在城市的体育用品商店进行公开课教学器材的购买，每位选手有最高200元的个人额度，购买的商品仅用于大考公开课的教学任务。	外拍
	20：00	师徒个采	—	教室
第13天	19：00	考核顺序抽签		教室
	19：00	学生采访	采访学生一周与新老师相处以来的感受。	教室
	20：00	师徒个采	—	教室
第14天	8：00-18：00	第一赛段终极考核	根据前一天晚上的抽签顺序进行公开课展示，每节课时间为40分钟。教育专家团和体育组老师和学生共同进行打分。	操场
	20：00	终极考核结果宣布	导演组负责进行成绩计算，根据三次考核成绩进行综合排名，取排名最低的两人淘汰。完成后交回给体育组组长，由体育组组长来宣布淘汰名单。	教室
	22：00	师徒个采	—	教室

注：1.以上表格中的内容仅为一阶段比赛的固定环节，根据阶段不同个别环节还会进行调整。

2.比赛期间其余时间选手将根据自己领导老师的安排进行日常教学学习和工作。同时在节目发展过程中节目组也会根据对选手日常生活及其所在班级所遇到状况的了解，视实际情况增加不同的环节以丰富节目的故事线，旨在将选手最真实的一面还原出来。

（二）演播室录制脚本

1. 开场

节目开场由"本期看点"VCR引入。VCR包括选手过去一周在双江口中学教学和生活过程中遇到的暖心、无助、愤怒瞬间。以能最快速度抓住人们的眼球为目的。

主持人开场词：

"欢迎来到职场观察类节目《我的新老师》（体育季），8位新生代的后备体育教师们已经在湖南省长沙市宁乡县双江口中学集结完毕，初入职场的他们将会面临哪些难题？谁又能够打动专家评审团的芳心最终成为名校签约体育教师？话不多说，直接让我们进入今天的节目，看看本周的选手们都经历了哪些有意思的事吧！因为我们本赛段的主题是篮球教学，所以我们今天的这期节目请到的是×××。"

2. 观察过程

在演播室观察过程中，主持人根据导演和编剧提前准备好的话题点和问题引起嘉宾们的讨论。同时作为专业领域嘉宾，在VCR播放过程中将利用自己的专业知识剖析选手的教学过程和他们与学生相处的情境，深层次地展示新生代体育老师的身上的特性，传递前沿的教育理念和方法。明星嘉宾根据VCR内容并结合自身经历发表观点，向观众传递自己对于节目内容的理解，输出正确的价值观。

3. 预测环节

每次小考VCR播放前演播室嘉宾可以根据自己对于选手表现的了解，在自己的小黑板上对排名情况进行预测；大考VCR播放前都会每个人预测出自己认为的晋级名单。每预测对一个排位即可获得一个预言家勋章，到本赛段结束时获得预言家勋章最多的嘉宾，节目组将会以其名义将由KEEP App提供的100套体育运动器材捐赠给×××山区小学，用于激发孩子们对于体育的热情，并获得"闪耀Keeper"称号。

4. 结尾

主持人做总结性发言，邀请专家对选手进行一周点评，询问嘉宾本期观察感受与自身体会，以及对之后的走向进行预测。结束语："今天的节目就到这里了，我们下周再见。"

八、媒体分发

（一）媒体推广渠道

1. 微博

（1）官方发布节目相关信息推送，联动节目嘉宾参与共同话题，破圈推广话题热度，提高流量与节目关注度（热搜榜）。

（2）播出期间，可与微博官方发起多项观众参与互动话题，提高观众互动量，相关话题可为预测选手位次、热议选手表现或教育理念等，提高节目热度。

（3）利用嘉宾和选手的社群传播，打造私域流量池，可发起与粉丝的积极互动，从而带动节目话题讨论度，提高互动量。

2. 抖音

（1）选手个人账号运营、节目精彩片段、演播室嘉宾后台花絮放送。发布的视频片段可以有大型花字和明显的特效，更加吸睛，利于传播。

（2）在当期节目播出后拥有单人cut或特殊彩蛋在抖音解锁播出。

（3）开展热门拍摄模仿活动，用户可以在平台上发布活动视频，带上节目话题，节目组和平台联动，给予内容质量高或所获流量高的用户奖励，例如嘉宾签名照等。

3. 小红书

（1）官方可与小红书协商沟通，发布相关参与标杆扶持计划，吸引素人观众参与互动，发布讨论话题页面，为自己喜欢的嘉宾和选手进行推广宣传。

（2）可与小红书业内kol协商，与其签订相关合作协议进行推广。推广方面可以为以下几点：选手穿搭/性格/理念、教育经验分享、教师生活分享等，以及观看感受、素人评价等。

4. 各大资讯类App头条传播热点

（1）通过头条推广和抓人眼球的标题，吸引潜在受众，推广节目播出，吸引中老年用户。

（2）和官方联动，推出用户激励计划，鼓励用户在平台发布节目有关内容，给予一定奖励和流量扶持。

（二）媒体宣传时间点

1. 启动期

节目组选定8位选手后开始预热，发布选手个人资料介绍、定妆照及宣传小片。

2. 加温期

节目播出前公布导师阵容，发布前两期具有话题点的内容片段，引起关注。

3. 沸腾期

节目播出时，根据节目出现的冲突点，每期在微博挂1~3个相关热搜，全平台根据不同的平台特性和定位，同步发布内容，建立媒体矩阵。

4. 持续发酵期

各平台账号持续发布相关视频和推文。

（三）媒体关注新闻点

1. 节目海选

海选阶段，节目组会去各大体育类高校进行宣传，或邀请退役运动员，选出人生经历和性格特点相对特别和吸睛的海选选手的片段进行介绍和播出。其中，我们将重点介绍部分自带粉丝或流量的选手，前期将着重宣传关于该选手的戏剧冲突及节目看点，从而巩固粉丝黏性。以该选手为切入点，使得媒体将注意力放在节目上。

2. 明星嘉宾

可以提早发布预告片，通过简短介绍让受众猜测下一期的飞行嘉宾，吸引流量和大众兴趣。如白敬亭、李现等嘉宾，其本身自带大量私域流量，通过节目组与其官方工作室的合作，发布相关节目预热（如节目剧照、路透或话题讨论），吸引媒体关注度，从而提高节目自身讨论量，扩充粉丝群体。

3. 节目拍摄地

清华附中作为全国范围内的顶尖中学，在社会上有广泛讨论，自带一层神秘滤镜。同时，作为一所传统体育强校，多年耐高篮球赛冠军，产出许多运动员，他的校园体育发展模式也值得探究。而双江口中学则是"双减"政策下的科技创新乡村名校，此次与节目组合作大力发展体育教育也是看点之一。尽管双江口中学为乡村中学，但其在科技创新等校园比赛中却收获了大量奖项。如何将清华附中先进的体育教育理念带入双江口中学？习惯了城市生活的选手如何适应乡村中学繁杂、单调的教学生活？双江口中学的同学们能否适应城市快节奏、多元化的教育发展理念？这些都会成为节目在媒体宣传的新闻关注点。同时，学校本身自带的乡村属性，使节目更具悬念色彩，在为期三个月的乡村生活里，如何才能快速提升自己的教育水平、拿到学校的offer，这些都是媒体将会关注的新闻线索。

4. 节目播出过程中的产生的话题

布置和完成任务、选手淘汰等关键节点都可能会引出一些爆款话题。在节目组设置的特殊环节里，话题讨论量将会产生的更为全面。例如在学期中的篮球赛，明星嘉宾也将会进驻拍摄地学校，与同学们、选手们共同参与篮球赛，此时话题将会由明星嘉宾自身所带流量引起，粉丝群体也会自发进行讨论。第二新闻点则是节目组设置的选手家访环节，在教学过程中，选手有可能会遇到所带班级中有家庭问题（如无人看管、留守儿童等）的同学，选手将会对这些同学以聊天、陪伴的形式进行家访，力求同学们身心的健康成长，这与节目本身倡导的教育理念也是有所呼应的。

九、广告设计

（一）冠名和赞助

1. 总冠名商：Keep App

（1）价格

8000万元人民币/季度

（2）原因

Keep作为以运动体育为主要内容方向的产品，长久以来都在致力于为用户提供健身教学、跑步、骑行、交友及健身饮食指导、装备购买等一站式运动解决方案。其本身品牌调性在"自律给我自由"的精神下，影响着当下的消费者们。伴随着Keep在自由运动的深入，如今在运动市场已经拥有了大量的用户基础并扩大了影响力，因此选择Keep也印证了我们的节目精神，将教育、体育、运动等融合在一体，从品牌到内容形成全面的闭环，让节目的效果得到最大的提升。

2. 赞助商：认养一头牛/安踏/蔚来NIO

（1）价格

认养一头牛1000万元人民币/季度

安踏1500万元人民币/季度

蔚来NIO 1500万元人民币/季度

（2）原因

认养一头牛，通过新型产业链控制好牛奶品控，品牌以"从源头控制牛奶质量"的核心为要求，正如教育要从根本出发。二者在不同领域却殊途同归。同时，牛奶是学生成长过程中最重要的需求之一，而本品牌也是营销及市场领域上升的品牌之一，二者相辅相成，都从根本出发，符合节目选品要求。

安踏，国内最老牌的体育品牌之一，多年来以其严格的品控而广受好评。近些年安踏凭借其独特的设计风格，吸引了年轻消费者。同时，安踏作为北京冬奥助力伙伴，符合节目选品要求，为我国冬奥事业吸引更多受众参与关注，让更多人看见冬奥、参与其中。

蔚来汽车，是国产新能源汽车的领军者之一，特点是新颖的设计和先进的科技。同时其品牌名称与"未来"同音，与节目名称内的"新"字呼应，代表着节目面向未来、培养人才的立场。另外，新能源的绿色理念，也符合当下市场要求，与未来发展态势趋同，能基本满足消费者的需求，使节目赞助多样化。

（二）广告类型

1. 硬广

（1）标版广告

节目前播出：

本节目由Keep App独家冠名播出（"上Keep App做运动，体育老师的好身材 你也能拥有。"）

本节目由认养一头牛特约赞助播出（"守护中国学生，从认养一头牛开始。"）

本节目由安踏运动特约赞助播出（"安踏助力，感受体育快乐。"）

本节目由蔚来汽车特约赞助播出（"开新能源蔚来，伴你绿色未来。"）

（2）贴片广告

为所有赞助商设计贴片广告，拍摄小片。将品牌方需求与本节目特点融合，总冠名品牌商标将在节目前广告中露出。其他赞助商将在片头回顾前，在小片中结合广告slogan一起播放。

（3）节目广告

线上App：在节目播出前，在广告时段作为会员推荐链接可点击；在其他节目播出时段，可将广告链接放在右下角节目logo处。

小片：包含总冠名商品牌方企业需要，及其他赞助商产品，展示节目基本流程与最终要求目的，重点露出明星嘉宾及人气选手，标注精彩发言及点评，吸引观众。视情况，拍摄播出赞助产品口播及中插片段，提高赞助商品牌知名度。重点突出产品特点，提高产品优化，扩大品牌受众，以节目与品牌方两方粉丝互相带动，获得双赢局面。

立体广告：筛选部分代表性城市（如北京/上海/深圳），进驻地铁站或公共汽车站，以海报形式设立广告灯箱，提高节目知名度。投放点可选择城市繁华商业区、学校区域及人流密集的大型车站等，商场内及地下通道两旁广告位最佳。商场、购物中心等可视情况联动，增设节目海报，重点突出节目logo与明星嘉宾，区分出节目独一无二的风格。可适当增强广告互动性，吸引路人关注度，增强粉丝用户群体黏性。

2. 软广

（1）口播

演播室主持人开场："欢迎来到由Keep App独家冠名的《我的新老师（体育季）》节目。上Keep App做运动，体育老师的好身材你也可以拥有。同时感谢认养一头牛、安踏、蔚来汽车对本节目的大力支持。"同时结尾重复，并口播所有赞助商的slogan。

（2）字幕

在嘉宾或选手有精彩发挥（或替换为戏剧冲突）时，使用花字突出情况说明/台词，花字周围跟随冠名商品牌方logo，并协调品牌方色调，统一节目风格。

（3）角标

屏幕右下角，占比约5%～10%。每次出现约3～5分钟，每25分钟出现一次（除片头及中插广告），可适当增加UI动效。

（4）品牌露出

演播室摆放品牌方logo模型（蔚来可同步摆放车模）。具体位置可选择演播室使用桌子中央区域，以摄影机正对机位最佳。

学校方可设置牛奶瓶露出，可适当在学生（或选手）饮用牛奶时给予品牌特写，注意衔接学生（或选手）饮用完的表情反应，突出牛奶的味觉感受。

嘉宾前往外景时，采用蔚来汽车全景及品牌特写插入。注意品牌logo的特写及突出显示。

（5）演播室

可根据品牌方需要，结合节目主色调，将演播室色调设计为总冠名商主色（极简风）。

（6）植入

根据现场分组或其他需要，可结合赞助商品牌设计，例如利用牛奶盒子进行抽签等。

（7）中插拍摄

请人气选手或明星嘉宾合作，拍摄节目中插广告。形式可参考部分综艺，例如《说唱新世代》《创造101》等，结合小片剧情与产品特点，为品牌方扩大宣传力度。

（8）赞助商捐款

根据每期嘉宾表现，评选出一位最佳观察员，冠名商将以他的名义为山区小学捐助一笔资金。在该嘉宾获得最佳称号时，制作含有赞助商的广告板颁发给本人，要求露出冠名商logo，并可视情况制定最佳观察员的称号（例如本期闪耀Keeper/……）。

（9）其他类型

可联动当地学校或其他地区，设立广告，提高我国"体教融合"的宣传力度，将体育教育的重要程度深入大家的意识，以达到最终目的。

十、可行性分析

（一）与国家发展战略相契合，社会导向积极正面

国务院办公厅印发《体育强国建设纲要》部署推动体育强国建设，充分发挥体育在建设社会主义现代化强国新征程中的重要作用。同时节目与国家近年倡导的教育帮扶政策高度契合，能够为教育落后地区提供优质的教育资源并对其教育方式进行借鉴，节目选择体育教育水平相对落后的湖南双江口中学作为节目主要录制场地，将清华附中的优质教育资源进行传递，从而该促进中学体育教育水平。本节目聚焦"体育"领域，关注"体育教师"群体，重视乡村中学体育教育领域发展。在通过综艺节目给观众带来放松和欢乐的同时，提高乡村中学体育教育水平，鼓励大众积极参与体育运动、学习体育技能、提高运动能力，与国家相关发展战略相契合，具有积极的社会导向作用。

（二）为选手提供学习、工作机会，吸引选手参与并配合录制

选手在参与节目录制的过程中，通过与教育专家、带教老师以及学生的互动，能够收获更多的教育教学经验、体育专业知识等。与此同时，参与节目的

录制还有机会获得担任清华附中正式体育老师的宝贵机会，对于选手有较大的吸引力。

（三）有利于提高学生的体育教育水平，符合家长学生需求

对于学生而言，节目的录制将老师的备课过程、教学思路、教学目的乃至教学成果等各个方面的表现展现出来，节目的竞争属性也有利于督促选手提高自身的重视程度和教育教学水平，对于学生收获体育知识和掌握体育技能的需求而言，具有积极作用，符合家长和学生的共同期待。

（四）潜在受众群体广，收视率有保障

首先，"体育教师"职业本身就自带一些神秘感，能够引起大众的好奇心，使得揭秘教师行业的工作与生活的节目内容自带吸引力。而且教师行业自带天然受众：对于学生群体，可以帮助他们理解老师的工作生活，拉近师生距离，促进师生关系；对于教师群体，可以在观看节目的过程中获得启发，进而提高自身的教育教学水平；对于家长群体，可以增进家长对于教师，尤其是体育教师的认识和了解，从而了解孩子的校园生活。

其次，聚焦"体育教师"群体必然涉及"体育"相关内容，能够吸引到关注体育、热爱体育的观众，通过观看节目，了解校园体育的发展情况，甚至能够通过节目，学习到一些实用有效的体育知识和体育技能。

此外，真人秀节目中，参与节目的选手各自的性格特点、人格魅力、节目录制过程中的突发情况、在节目设置的规则框架下展现出来的成长轨迹都能成为吸引受众的重要元素。在校园环境中拍摄的综艺节目总体氛围青春向上，对于校园当中场景、课堂、同学情等要素的展示，也能够唤醒一部分观众的青春记忆，从而吸引受众观看节目。演播厅当中的明星观察嘉宾自带流量，能够吸引一部分粉丝群体，为节目收视提供保障。文体明星的共同参与，既加强了节目的娱乐性，也提高了专业度和可信度。同时，我们还为演播室环节设计了"嘉宾预测"环节，加强了演播室嘉宾与参与节目的选手之间的联系，也给予了演播室嘉宾更多的表现空间。嘉宾通过表达看法、发表评论，可以在谈话过程中展现个人特色、传递自己对于节目的理解，也能通过谈话传递正确的体育

知识和价值观。

不仅如此，本节目邀请的体育教师选手大多为刚毕业的年轻的体育相关专业毕业生或高水平退役运动员，拥有较为出色的外貌条件和身体素质，符合当下观众的审美需求，部分退役运动员也具有一定的粉丝基础。除此之外，节目当中还会着重塑造选手们的个性特征、性格魅力和专业水平，试图打造"好看的皮囊与有趣的灵魂、专业的素养"并存的人物形象，从而吸引到更多的观众。

最后，节目聚焦于"教育均衡性"的社会热点话题，能够吸引关注社会议题、具有社会责任感、关注乡村教育的观众。

（五）节目类型在市场上属于空白领域，具有较大市场空间

将"体育"与"校园观察类"和"职业观察类"相结合的节目目前在市场上暂未出现，节目及时注意到当下体育蓬勃发展的趋势和体育与校园、职业相结合的契合点，企图弥补该领域目前在市场上的空白，满足相关受众的需求，打造一款符合受众期待，兼具商业价值和社会价值的综艺节目。

十一、创新性分析

（一）场景选择的创新

该节目将录制地点从城市转移到教育水平相对落后的农村地区，将代表着先进教育教学水平的城市中学与教育教学水平相对落后的乡村中学联系起来，将"教育不均衡"问题和"体育老师紧缺"问题通过直观的方式在节目当中展现出来，企图引起社会的关注并寻求解决的方法。

（二）观察角度的创新

该节目将对于老师的评价和观察视角从学校领导、老师拓展到学生、专业体育教练上。学生视角上，可以反映体育老师的教学方式对于学生的吸引力；专业体育教练视角上，有利于检验体育老师的专业能力和专业运动水平。

（三）关注对象的创新

本节目聚焦"体育老师"和乡村中学体育教育两个重点。一方面，把关注

角度从体育项目、体育技能、体育人才等体育训练成果上，转移到体育兴趣的培养、体育技能的教授和体育发展水平提高的起点与传授者——体育教师群体领域。另一方面，通过对乡村中学教育的关注，引起大众对于"教育均衡"问题的思考。

（四）评选方法的创新

本节目在对参与节目录制的预备体育教师的评选方式上进行了一定的改动与创新，除了传统的校园部门领导等评分主体外，在评选打分过程中，我们还加入了学生群体和专业的体育教练员群体的评分，试图实现在教育水平、教育成果、学生感受和专业化水平等多个领域，给予体育老师更全面的观察视角，提供教学相长的平台。与此同时，演播厅当中相关明星嘉宾的观察、讨论和点评也能够在一定程度上进一步挖掘具体选手的个性特征与性格魅力，归纳总结选手在节目中的成长路径。

（五）展现形式的创新

本节目把对于体育老师的评价从间接地看到体育训练成果转移到直接关注体育老师的教学准备、教学思路、课程情况和体育老师本人的情况上来，为最终的体育训练成果溯源，解密体育课与体育教师特点，也在一定程度上消除大众对于"体育老师"的误解和偏见。

十二、预期效果

（一）吸引更多人关注乡村教育问题

长期以来"教育均衡"问题都是社会关注的热点，但对于身处城市的人而言，对乡村中学教育教学的落后情况没有直观了解的渠道；对于在乡村生活的人而言，又难以接触和了解到城市教育的理念和方法。本节目企图将城市教育与乡村教育联系起来，搭建一个相互交流的桥梁，直观体现城乡教育差距，吸引更多人关注乡村教育问题。

（二）吸引更多人关注体育教师群体

目前，虽然大众对于体育的重视程度不断提高，体育科目在教育教学中的重要性也在不断被强调，但与传统的"语数英政史地物化生"这些应试科目相比，大众对于体育以及体育老师的关注仍然比较少，还有许多人存在"体育不及应试科目实用"的想法。本节目希望通过综艺的形式，吸引更多人关注体育教师群体，了解体育教育的情况和重要意义，从而提高大众对于体育老师的理解和体育课的重视程度，提高体育课的"隐性地位"。

（三）消除大众对体育老师误解

通过该节目，希望向大众展示更全面、更专业的体育老师形象，"体育老师"并不比语数英老师的能力差，"体育课"也并不是没有规划的"自由活动"。通过更多角度的展示，增进大众对于体育老师群体的理解，去除"有色眼镜"。

（四）挖掘体育人才，促进校园体育发展

本节目关注校园体育的发展情况和体育教师的现状，通过对年轻体育人才的关注，试图挖掘和帮助更多对体育感兴趣、有天赋的学生开发运动能力，提高运动水平，从而为国家体育事业培养更多的后备人才。

（五）助力大众体育，全民健身建设

目前，属于体育强国建设的重要发展阶段，本节目企图通过对体育的相关宣传，带动大众参与体育运动、学习体育技能的积极性和主动性，为大众体育、全民健身的建设和发展出一份力。展现体育运动的魅力，也有利于帮助大众塑造更为健康的生活方式和审美取向，带动体育事业和体育产业的共同发展与进步，提高全民体育参与水平。

十三、竞品分析

《令人心动的offer》是由腾讯视频推出的职场观察类真人秀。节目与《令人心动的offer》的区别有以下几点。

（一）节目初衷不同

《令人心动的offer》是旨在将选手通过自身努力争夺offer的过程还原给观众，将现如今职场年轻人的工作状态以及个人成长过程展现出来。而《我的新老师》则只是将选手们争夺offer这一环节作为一条故事主线，节目真正的意义在于名校专家评审团在为选手传递经验技巧过程中，会对乡村中学的体育教育模式有所启发，为其留下一份高质量、规范化的体育教学流程，从而提高乡村中学体育教育水平。

（二）选手筛选方式不同

《令人心动的offer》选手都是来自专业的医学生或者法律系学生，而《我的新老师》选手筛选条件不设限，既有从专业的体育教育专业毕业的学生，也有跨专业热爱体育的选手，还有退役运动员等，选手类型更丰富，出现的冲突点、各个选手之间的差异性都会更强。

（三）晋级模式不同

《令人心动的offer》赛制设置是第一轮有八名素人参与，通过选拔，第一轮淘汰两人，然后再补充两个新的选手加入，始终保持选手人数不变。而我们在赛制设计上只有淘汰制，选手人数会随着比赛进程逐渐变小，到最后通过四选一方式选出最终的优胜选手。

（四）关注角度不同

《我的新老师》的视角更加多元化，除了选手自身的视角外更强调从学生视角出发，而《令人心动的offer》更多是展现个人成长的内容。《我的新老师》将体育教师这个职业分成体育和老师两个模块在节目中分别呈现。体育专业模块的提高是通过在学校体育组跟随有经验的体育老师工作学习得到提高；老师模块的展现在于选手作为副班主任和学生们的互动，教学相长、寓教于乐。

《Young样新农潮！》节目创作手册

一、节目简介

《Young样新农潮！》是由腾讯视频推出的电商助农观察类真人秀，由腾讯视频节目中心制作。节目由马东、金靖、薛兆丰担任固定观察嘉宾，美腕公司团队担任电商辅导员，指导8名大学生嘉宾运用自己的专业技能玩转直播，并将电商直播实操流程带入乡村，用自己的专业助力乡村振兴。节目共12期，大学生嘉宾将作为实习生，在电商辅导员的带领之下被分为两个团队，通过直播竞赛形式，在移动端中展现电商助农具体过程，并且辅助以淘宝直播间的实况直播互动，为新农村产品销售问题提供助力，展现新时代下农村新面貌，达到乡村振兴的最终目的。

二、节目背景

党中央对农业农村问题高度重视，2015年中共中央政治局审议通过《关于打赢脱贫攻坚战的决定》，全面推进乡村振兴和农业农村现代化。十九大报告指出，农业、农村、农民问题是关系国计民生的根本性问题，必须始终把解决好"三农"问题作为全党工作的重中之重，实行乡村振兴战略。在全国上下关注乡村建设的大背景之下，聚焦于具体的振兴策略与振兴手段，特别如今随着互联网的发展，电商项目成为乡村现代化发展的重要扶植点。电子商务人才才是发展电商的根基，因此要坚持人才为先的理念，强化农村电子商务人才引进，鼓励具有较高受教育水平的大学毕业生、具有电子商务能力的优秀青年前往农村，带动乡村电子商务向高水平发展，本节目正是响应此号召应运而生。

节目致力于展现各地乡村振兴，呈现出产业兴旺、生态宜居、乡村文明的新风貌，吸引作为直播购物主力军的年轻人。通过大学生下乡带货的形式，体验农村新生活，在"城市"与"乡村"碰撞中，展现电商职场痛点和农村新风貌，为乡村振兴助力，为乡村电商发展提供专业助力。

三、节目亮点

（一）乡村振兴

2021年3月，中共中央、国务院发布了《关于实现巩固拓展脱贫攻坚成果同乡村振兴有效衔接的意见》，指出："打赢脱贫攻坚战，全面建成小康社会后，各地要做好乡村振兴的大文章。"节目将聚焦乡村振兴的生动实践，助力销售当地优质农产品，推介乡村旅游优质资源，宣传各地推介乡村振兴的新亮点、新成就。

（二）大学生就业

当代大学生就业困难，一直是国家重视的议题。节目参与主体对象为大学生，旨在引导更多大学生返乡就业，用所学的专业知识反哺新农村，助力乡村共同成长。

（三）新运营模式

新运营模式节目打造电视＋互联网＋农业基地＋基地物流直发的新运营模式，通过电视拍摄和现场直播，把优质农产品原生态环境、品质和特色展示给观众，有效解决消费者对农产品品质安全信任的痛点，电视屏与手机屏同步播出，实现"边看边买"。

（四）星素结合

星素结合采用素人为主明星衬托的形式，给素人更多表达空间。节目通过塑造不同却具有鲜明特征的素人形象为共鸣产生条件，满足观众好奇心，引起观众强烈认同感。明星则在第二演播厅对于素人表现进行点评、话题引导等，通过明星效应产生更大影响力。相比于纯明星真人秀制作成本更低、更加贴近生活中的人物，也更容易引起普通大众的共鸣。

四、舞美设计

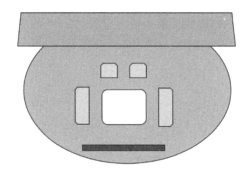

图1 舞美设计图

图1为观察区，由固定的观察嘉宾在座位上观看节目视频，并根据节目发展做出点评或分享。

节目由户外真人秀短片和室内观察两部分组成。第二现场演播室首先需要主持人的角色，把控视频播放的时间点，引导嘉宾尤其是不熟悉镜头的素人就特定的问题进行探讨。其次是符合节目主题或者起辅助功能、吸引观众的飞行嘉宾。大多数情况下嘉宾会集中观看正前方的一个大屏幕，第二现场的嘉宾参与，丰富了节目的人员构成、画面和视角。背景为节目赞助商以及节目名称的包装，在嘉宾面前的茶几上摆放赞助商的广告品。

五、节目嘉宾

节目分为大学生素人嘉宾和作为观察团的明星嘉宾。

（一）观察团固定嘉宾

1. 马东

在正式走到台前成为一名主持人之前，马东曾经在央视作为制片人和总导演，在《挑战主持人》节目中首次挑战主持人，这也可以证明马东的主持功底。随后他加入爱奇艺担任了《奇葩说》的主持人，《奇葩说》是一档说话类的达人秀，主持这档节目除了主持人的基本素养，还需要反应力和思维能力，这些在马东的主持表现中都有所体现。他睿智、幽默、大气的主持风格，能够担当得起本节目主持人的位置。

2. 金靖

金靖是新生代中国内地女演员，她在电视剧《我在他乡挺好的》中的表现收获一致好评，路人缘极佳。并且和金靖的演技一起被观众记住的还有她出众的喜剧天赋，作为一名喜剧人金靖参加过很多国内综艺节目的录制，在《欢乐喜剧人第五季》《王牌对王牌第五季》中都有精彩表现，也展示出了金靖优秀的主持能力。除此之外，金靖曾多次做直播，效果惊人，也证明了金靖对直播电商有一定的了解，可以为节目提供更多节目效果，吸引路人的观看。

3. 薛兆丰

互联网经济学家，发表过多本经济学作品。在经济学不断发展的今天，薛兆丰主要研究市场经济，并长期关注互联网与信息技术商业在国内的发展，对电商的了解程度很高，可以为演播室的嘉宾们提供专业性指导，符合节目的电商定位。同时薛兆丰开办过很多经济学课程，广受学生们的好评，这也证明了薛兆丰有一定的口才。除此以外，他还是综艺节目的常客，成为《奇葩说》的导师，和马东成为搭档，在本节目中也能和马东碰撞出新的火花。

（二）观察团飞行嘉宾

1. 窦骁

（1）个人简介

出生于中国陕西省西安市，影视演员，作为国内演技派男明星，近几年在众多口碑电视剧中作为主演出演，路人缘极佳，可以为节目吸引更多路人粉丝，稳固节目口碑。同时窦骁参加综艺次数较少，可以作为"综艺新脸"给观众带来新鲜感。

（2）拍摄乡村选址

陕西富县（直罗镇胡家坡村），特色农副产品：苹果、直罗贡米、无花果、西梅（及其衍生品、罐头、果干等）。

2. 吴昕

（1）个人简介

出生于辽宁省沈阳市，是中国知名的电视节目主持人，和何炅一起担任《快乐大本营》常驻主持人。长时间作为娱乐节目主持人，让吴昕拥有较强的控场能力和主持人素养，并且从她的综艺表现来看，吴昕也很具幽默感，在节目中与何炅的再度合作，宣传自己的家乡，吴昕想必能够带来足够的节目效果和看点。

（2）拍摄乡村选址

辽宁省新宾满族自治县（平顶山镇冬瓜岭村），特色农副产品：林下参，新宾大米，香菇、黑木耳等菌类及其衍生产品。

3. 刘雨昕

（1）个人简介

出生于贵州省贵阳市，参加《青春有你第二季》并且以第一名出道，收获了大量粉丝，个人歌舞实力强，路人缘很好。并且有一定的时尚感，参加《潮流合伙人》等节目也收获了一批粉丝，属于现在的一线流量明星，可以为节目带来更高的流量，让节目更具吸引力。虽然作为以"潮"出名的明星，但是在参加节目中谈及乡村等问题更有反差感和节目效果。

（2）拍摄乡村选址

贵州省黔西南布依族苗族自治州（兴义市鲁布格镇新土界村），特色农副产品：豇豆，黑山羊，红肉蜜柚，小米辣，山银花等中药材及其衍生产品，茅台酒。

4. 乔振宇

（1）个人简介

出生于广西壮族自治区桂林市，目前作为影视剧演员活跃，有多部知名影视作品，路人缘很好。近几年也作为综艺嘉宾参加了多档综艺节目，比如《牛气满满的哥哥》《明星大侦探》等，在《明星大侦探》节目中与何炅有过合作，有过很多意料不到的综艺火花，符合节目需求。

（2）拍摄乡村选址

广西乐业县（百色市乐业县新化镇百坭村），特色农副产品：山茶油、砂糖橘、茶叶、蜂蜜、矿泉水、牛肉类等。

5. 董宇辉

（1）个人简介

毕业于西安外国语大学，"东方甄选"直播间主播，多次参与央视综艺录制，曾在由中华全国青年联合会主办的"一带一路"美丽乡村国际青年论坛中发言，其独特的"边播边教"的带货风格受到观众的喜爱和好评。

（2）拍摄乡村选址

内蒙古科左后旗（通辽市科尔沁左翼后旗南巴嘎查村），特色农副产品：牛肉、羊肉、大米、玉米、葵花籽、马铃薯及其衍生产品。

6. 易烊千玺

（1）个人简介

出生于湖南省怀化市，新生代演技派男演员，作为偶像出身的演员，易烊千玺有着庞大的粉丝群体，可以为节目提供流量和购买力，且路人缘极佳，可以在节目最后稳固节目口碑。同时易烊千玺作为演员近些年的演技进步和成长有目共睹，与大学生嘉宾可以算作同龄人的他，贴合节目需要。

（2）拍摄乡村选址

湖南溆浦县（怀化市溆浦县三江镇朱溪村），特色农副产品：冰糖橙、黑茶、芷江鸭、花生、梨、金银花及其衍生产品。

飞行嘉宾共同点：在选取嘉宾时采取的是实力明星＋流量明星的形式，实力明星和流量明星穿插邀请，同时所有人都属于路人缘比较好，不仅有"死忠粉"会关注，还会吸引"路人粉"的类型。

（三）电商辅导员：美腕科技

美腕公司：美腕公司是一家网红、艺人以及模特的线上服务平台，旨在为用户提供拍摄、表演、主播、电商分销等各种合作机会，作为知名网络主播背后的运营公司而出名。它的运营范围非常广泛，包括演出经纪、形象策划、市场营销策划和各类广告等，都符合本节目对于村播的包装、培训和起到对大学生的指导作用。同时在如今的环境中头部主播影响力减弱，正是中小主播逐渐崛起的好时机，美腕团队能够打造知名主播这样的"大IP"，也能扶植更多主播的成长，符合本节目的定位及宗旨。在本节目中美腕公司将组建一支专业的电商团队，与大学生们协同合作完成任务，并在每一期节目中签约自己选中的出色村播。

（四）大学生素人嘉宾：

对外经贸大学电子商务专业　211　双一流

中央财经大学电子商务专业　211　双一流

中国传媒大学播音主持专业　211　双一流

浙江传媒学院播音主持专业　双非

北京工商大学食品安全专业　双非

上海外国语大学广告学专业　211

新南威尔士大学广告学专业

关于大学选择，除了两所经济类院校的电子商务专业是固定选择之外，其他的都可以存在相似的替代品，比如中传相似的211院校，北工商相似的双非即可，尽量注意使大学生嘉宾的专业领域不过分集中，而是有一定的差别。

且在选择素人嘉宾的过程中节目组注重个人特质，比如说争强好胜、领导能力强，或者与之相反的较为弱势、老好人等，特别是在留学生的选择上，选择留学时间较长，家境较好，在生活中很少吃苦的类型。

（五）素人村播

每站节目的终点将是直播带货，主播除了大学生团队的一员，还要寻找4名当地村播协同直播，让消费者对产品更加了解，同时对于当地人而言授之以渔，更直接地促进了当地电商的发展。

六、节目内容

节目计划播出一个季度共12期，采用周播模式，每周四晚8点播出，网络端同步上线。每两期为一站一个主题，两期共150分钟，每期主题将会前往一个省市的脱贫村，在见证乡村脱贫后状况的同时，用电商带货直播的方式为当地提供更多的销售手段，通过授之以渔的方式拉动促进当地经济发展。8位实习生将在电商辅导员团队的带领下，按照专业被分为2队，前往主题地乡村并在当地居住三天两夜的时间。

在这段时间中，两个团队需要在辅导员的带领下完成选品、议价、直播策划、寻找和培训助力村播、直播带货的完整直播流程，以最终的直播带货任务来决定胜负。最终胜负由直播带货销售总额、直播间观看人数和观看时长共同计分决定。每站的优胜队伍将会在下期节目中获得更多优势。获得优胜的一队将可以获得虚拟金币200，以及5万元助农启动金，美腕团队也将在每组的村播中选择一名进行签约，达到扶植当地村播的效果。并且优胜队伍在接下来一站的比赛中，将收获特别的流量支持和广告宣发。虚拟金币在接下来的进程中有其独特的作用。

直播带货规则要求直播带货产品分为1件公选品和至少4件自选品，选品达到5件才可以开启最终直播，两队可选择的自选品数量共有10件。公选品为节目组指定类型，是乡村当地产量较高但是无包装、无宣传、知名度低的原始农产品，10件公选品则是节目组从全市征集而来，不仅有包装，而且已经投入大规模生产、可能有一定知名度的乡村商品。

在选品过程中，两支队伍则需要在10件自选品中自行竞争抢夺，自选品两队不可重复，拥有5件选品即可以开启直播。议价环节也需要两队成员自行与商家进行洽谈，完成价格谈判，在敲定价格之后两组实习生自行制定直播带货、包装宣发等策略。值得一提的是，在直播带货的过程中，实习生需要寻找到当地的4位助力村播，可以是当地有电商直播的经验的卖家，也可以是在当地居住时发现的有一定幽默感的村民，通过这种方式带动当地直播电商的发展。

第二演播室明星嘉宾则主要负责观察8位见习生表现、点评和预测最终胜负。节目赛制为3轮常规赛＋1轮内投交换赛＋1轮半决赛＋1轮总决赛。值得一提的是内投交换赛，由双方队员单独投票本队最想交换成员，如出现平票则由两位带教老师共同商议决定，队员交换成功后后续比赛将不再重新返回原先队伍。

表1　12期节目内容设定基本轮廓

节目分期	本期内容
先导片	面试大学生素人嘉宾，从应届或者毕业5年内的大学生中，挑选符合节目需求的嘉宾。着重展现最终被选定的八位大学生（ABCDEFGH），让八位大学生能给观众留下初步印象，为之后的节目预热。
第一期 第二期 陕西省	以陕西省延安市富县直罗镇胡家坡村为目的地，八位大学生开始第一次当地农产品带货比赛。节目组把八位大学生分为两组，由电商团队全程带队，并邀请美腕公司旗下主播助力。两组大学生都需要进行选品—联系商家谈价格—直播策划—寻找、培训村播—完成直播的完整流程。胡家坡村已经有一定的电商经验，作为大学生的始发站，难度不大，且有电商团队全程参与，对学员们进行指导保障直播过程顺利完成，重点关注四位大学生第一次见面之后的小组合作情况，以及对培训村播主题的展现。本期主要是给观众留下八位大学生具体的性格印象，同时展现出一场直播应该有的流程。 　　根据最后的一小时直播，节目将凭借交易金额和观看人数和人均观看时长积分，计算出两组胜负，胜组可以获得虚拟金币200，以及5万元助农启动金。美腕团队也将在每组的村播中选择一名进行签约。 　　（看点：嘉宾们第一次进行乡村带货实践，无法进入状态，刚开始出现的手足无措的情况，实践中产生冲突，第一次小组合作展现出的人物性格，组员之间的矛盾，无法按时完成任务，处理问题方式过于稚嫩，乡村生活的不适应。）
第三期 第四期 辽宁省	以辽宁省抚顺市新宾满族自治县平顶山镇冬瓜岭村为目的地，两组大学生开始第二次的直播带货竞赛。两组大学生在第一站中积累的经验将在本站得以实际运用，电商辅导员团队将不再全程对大学生进行陪同指导，本次的选品环节将由大学生们自己完成。在选品环节中如需求助，大学生们则需要花费节目组准备的虚拟金币，才可以联系辅导员团队。一组、二组将一起竞选12件产品，一组需要至少5件商品才可以达到开播要求，商品上限则不做要求。两组需要和前来应选的商家达成双向互选才能得到商品，否则必须花费一定的虚拟金币购买。两组为争夺选品绞尽脑汁，奇招百出，尽可能让商家选中自己的组合，小组内成员们也因意见不统一而产生了多次争论。最后达成了一组5件而二组7件的不平衡局面，一组选品数量虽少但是他们对于村播人选胜券在握，两组竞争仍旧十分激烈。

节目分期	本期内容
第三期 第四期 辽宁省	根据最后的一小时直播，节目组将凭借交易金额和观看人数和人均观看时长积分，计算出两组胜负，胜组可以获得虚拟金币200，以及5万元助农启动金。美腕团队也将在每组的村播中选择一名进行签约。 　　（看点：本期节目将主要展现一场直播中的选品环节如何完成，以及大学生嘉宾在其中收获的成长。组内可能存在的矛盾？对于队长帮助减少的想法，A感觉有更多自由发挥空间，而B则感受到压力，直播是如何选品的，品质安全如何把控，大学生嘉宾收获的进步。）
第五期 第六期 贵州省	以贵州省黔西南布依族苗族自治州兴义市鲁布格镇新土界村为目的地，两组大学生开展第三次直播带货竞赛。在前两站的比赛之后，小组成员之间更加熟悉，一组更加团结一致，而二组还是时常针锋相对、意见不合。继上一次的比赛之后，电商辅导员团队将继续放手，本次的比赛中联系商家和议价的环节也将全权交给两组大学来处理，困难程度更甚。同样的，如果需要联系求助两位队长，需要花费节目组的虚拟金币。 　　本次选品原则仍与上一期相同，但是这站两队需在之后的联系商家议价、定价环节打出自己的价格优势，在选品中获得数量优势的小组发现在跑商家议价时出现了时间上的力不从心，果断出击将一件商品免费让给另一组。两组都以6件商品的数量进入最终直播。 　　根据最后的一小时直播，节目组将凭借交易金额和观看人数和人均观看时长积分，计算出两组胜负，胜组可以获得虚拟金币200，以及5万元助农启动金。美腕团队也将在每组的村播中选择一名进行签约。 　　（看点：着重展现直播中与商家议价定价环节的展现，大学生的成长进步，如何学会放弃，优势的最大化。）
第七期 第八期 广西壮族 自治区	以广西壮族自治区百色市乐业县新化镇百坭村为目的地，两组大学生开始第四次直播带货比赛。在比赛开始之前大学生嘉宾提出疑惑，本站与上一站是否存在相似性？本站节目特殊规则：队员交换投票。由队内投票票出一人与对方票出的一人进行交换，且在接下来的比赛不会再有交换机会，两组彻底固定。虽然之前有过矛盾，在拆组的时刻大学生嘉宾们还是用眼泪送别对方，并欢迎新的队友。 　　本站节目中新结成的两组将除了前期选品、议价需要自己参与，还将全权负责直播策划，两位队长只参与到村播选拔的环节。大学生们还不及为交换队友感到悲伤，就因为巨大的工作量陷入胶着，新队友也带来了一些意想不到的问题。 　　根据最后的一小时直播，节目组将凭借交易金额和观看人数和人均观看时长积分，计算出两组胜负，胜组可以获得虚拟金币200，以及5万元助农启动金。美腕团队也将在每组的村播中选择一名进行签约。

节目分期	本期内容
	（看点：组员交换，有人愿意而有人不愿意，两队在队员变更的情况下能否继续保持住劲头，新加入的队友磨合是好是坏，多次提及老队友而对新队友造成的心理影响。着重展现直播策划的环节。）
第九期 第十期 内蒙古 自治区	以内蒙古自治区通辽市科尔沁左翼后旗南巴嘎查村为目的地，两组大学生的第五次带货直播挑战开始。虽然换了新的队友，但是大学生已经在多站的历练中渐入佳境。本站就是对于他们最大的挑战，在内蒙古发展电商几乎是不可能完成的难解课题。两位队长还将继续放手，本次大学生嘉宾需要自己寻找村播与他们合作，两队要解决内蒙古物流上的巨大难题，而且内蒙古各村之间距离遥远，寻找村播也并不容易，两组都选择兵分两路，以两人一小组的形式分头寻找合适村播，其间他们见识到了内蒙古的风土人情，也遇到了语言上的难题，但他们最终克服难题，带着各自寻找到的村播碰头。 本期选品、议价环节等将与以往不同，采取从简的措施，两队各自带着自己寻找来的村播和六件商品进入最终直播。 根据最后的一小时直播，节目组将凭借交易金额和观看人数和人均观看时长积分，计算出两组胜负，胜组可以获得虚拟金币200，以及5万元助农启动金。美腕团队也将在每组的村播中选择一名进行签约。 （看点：村播选拔101，两组大学生与当地村民之间的有趣互动，打破刻板印象，展现内蒙古风土人情，在大学生教授村播电商带货的过程中充分展现他们的专业性。）
第十一期 第十二期 湖南省	以湖南省怀化市溆浦县三江镇朱溪村为最终目的地，两组大学生的最后一次直播带货比赛打响。本次两位队长将全部放手，不主动参与进任何环节，而是加入观察团中，一起观察大学生嘉宾对于选品—联系商家议价定价—直播策划—寻找村播—完成直播的完整直播流程掌握情况。经过前几站比赛的铺垫和学习，大学生嘉宾在本站迎来了最终的期末大考。本站他们不仅需要作为幕后人员，还要与他们选择的村播一同出镜进行直播带货，实现全员全程参与。 根据最后的一小时直播，节目组将凭借交易金额和观看人数和人均观看时长积分，计算出两组胜负，胜组可以获得虚拟金币200，以及5万元助农启动金。美腕团队也将在每组的村播中选择一名进行签约。 比赛结束，大学生们对于这段经历表示难忘，并说出了自己这段时间的感想，表达对于队友和对手的感谢。 （看点：大学生参与直播全程，与第一站时的他们自己形成对比，展现大学生的进步和成长，也展现出直播的完整过程，振兴乡村的根本目的，比赛结束之后对于整体六站的回忆。）

七、台本示例

项目选取节目第一期进行台本的展示，大学生们的乡村之旅以及首次直播带货挑战将在此开展，第一期较具代表性，可帮助理解节目调性。

表2　第一期台本

序号	时间	环节	内容
1	30秒	片头	节目LOGO＋片头宣传片
2	1分钟	广告	主要赞助商 （淘宝直播，特别提出淘宝直播也是本节目直播收看平台，介绍赞助商携程和小红书，关注官方小红书账号参与互动）
3	1分钟	导视	前情提要
4	2分钟	主持人开场	主持人马东开场＋简要介绍观察团成员金靖、薛兆丰（欢迎我们的金靖和薛兆丰老师）
5	5秒	打招呼	"大家好，我是金靖……"
6	15秒	打招呼	"大家好，我是薛兆丰……"
7	30秒	介绍飞行嘉宾	简要介绍飞行嘉宾窦骁　窦骁问好环节
8	2分钟	观察团聊天引出八位选手	简单介绍节目内容，关于大学生电商直播带货助力乡村振兴，提问对大学生实习生有什么期待，最后主持人提出让我们先来认识一下八位大学生嘉宾。
9	18分钟	大学生嘉宾集结	介绍每位大学生基本情况、先导片中面试重要环节，大学生嘉宾第一次见面，相互寒暄，聊起专业和学校。（穿插观察团镜头，观察团讨论对大学生嘉宾的初印象，并对他们面试情况作出评价，四位观察团成员选出自己比较看好的大学生。）
10	2分钟	介绍电商辅导员	打招呼、闲聊、提问"大家现在知道我们是在哪儿吗？"
11	1分半	小片	介绍陕西富县胡家坡村的特色产品、风土人情以及乡村振兴现状
12	1分半	规则介绍	电商团队介绍选品规则（分为必选品和公选品），必选品两组相同，公选品一共有十件可以自行选择。因为是第一期，本期节目中可以出现重复选品。

序号	时间	环节	内容
13	25分钟	选品环节	进入选品环节，电商团队中的选品专员先为各位队员讲解一般的直播策划中会如何进行选品，并希望队员写出自己心目中认可的5件选品。两组成员先逐一尝试了10件商家带来的自选品，每一样的味道都很让大学生嘉宾们惊叹，感叹这是自己很少吃到的味道，对于接下来的选品更是充满热情。 　　一组的成员ABCD选择情况比较统一，很快确定5件选品，但是二组成员在发表自己的意见上遇到困难较多，E对于自己的选品方案信心十足，希望说服其他队友，G的选择虽然与E差别很大，但是不好意思表达。辅导员们看到这种情况鼓励大家说出自己的想法，特别拿过G的方案举例子，鼓励大家多讨论再做决定，最后在E和G的方案共同基础上综合优点，做出了新的选品方案。 　　两组确定了选品方案进行汇报时发现两组有重复，而且有两家商户无人选择。看着商家们失落的样子，而且他们是从省市各地赶过来应选的，两组在电商团队的提议之下都觉得应该给两家商户一次机会。一组在这方面出现了较大意见不合，因为前期选品很顺利，后面再改不知道要排除掉哪件商品，BC都觉得改变是给自己组增加工作量，二组见状提出可以一组在剩下的两件品中先做出选择，一组在组内进一步讨论之后认为可以接受，最后两队完成选品。 　　（其中穿插观察团镜头，观察团评估各位选手和整体组内的表现，表达观察团的看法，预测哪一组的选品将在最后的直播中取得优势，并且观察团在选品环节可以品尝到节目组规定的十件必选品）
14	15分钟	商家洽谈	本站的必选品是当地有名的红枣，而村中A和B是两家最有名生产枣类的商户。A商家多产精品大枣，味道甜美，但是储存货物量并不多。B商家则多以生产无核枣为主，并且现有存货更多。两队通过对两家商户的产品品尝，感觉两家的红枣都品质很好，但考虑到利益问题，两队人马不约而同在B商户家出现，经过与老板的价格谈判，一组给出的方案更胜一筹，取得与商家B的合作权。为保证任务完成，二组则赶紧前往商户A家，辅导员团队之后也针对A产品与二组进行了分析，最终经过团队的配合，有惊无险地拿下商户A的合作。（其中穿插观察团镜头，主要请薛兆丰老师对于为何第一组能在价格战中获胜做出分析，同时对于商户AB进行宣传，品尝当地的红枣。）

序号	时间	环节	内容
15	2分钟	片尾	广告、精彩下期预告、乡村夜景队员们互道晚安
16	30秒	片头	节目LOGO + 片头宣传片
17	30秒	广告	主要赞助商 （淘宝直播，特别提出淘宝直播也是本节目直播收看平台，介绍赞助商携程和小红书，关注官方小红书账号参与互动）
18	30秒	前情提要	上期精彩内容回顾
19	10分钟	寻找村播	两组的第二天都是从寻找村播开始的，两组成员都在辅导员们的带领下去寻找对情况最为了解的村主任，让村主任为大家推荐，村主任给出的人选五花八门，比如村里的"人精儿"大爷，会自己拍抖音短视频的小伙子，擅长广场舞的阿姨，秦腔的传唱人等。在两组分别去和这些村播接触时，都对于村里的这位"人精儿"大爷非常满意，大爷性格开朗遇到大学生嘉宾们也不见外，有陕西口音的说话方式非常幽默，两组都想让他加入自己的队伍。大爷听到要去搞直播反而不愿意，他觉得自己说话上不了台面，怕在全国人面前丢脸。两组因为都很想争取这位大爷，决定每组留一个人在大爷家软磨硬泡，其他人继续找其他村播，留的同学一开始只是套近乎，后来靠真情打通了大爷的防线和顾虑，他们表明自己的来意，是来帮助振兴乡村的，如果通过直播带货把村里农产品品牌打响了，那儿子们就不必辛苦去镇上打工，留在家里就能把钱挣了，一家人也能在一起。最终大爷同意加入了直播团队，然而因为争取到大爷是两组共同的功劳，到底让大爷和谁一起直播，引起了两组的争论，最后还是辅导员团队拍板，让大爷同时参与到两组的直播中。不过在正式直播之前，还有一场团队组织的直播培训正等待着两组成员和村播们去挑战。 　　（穿插观察团对于争取大爷时发生的搞笑事件的反应，以及观察团讨论村里年轻人外出务工的问题，如何能把年轻人留在村里的问题。）
20	20分钟	直播策划	两组分别回到自己的住所，进行直播环节的策划，相处包装和宣传的方案。辅导员团队表示因为这是第一站，直播时会请到自己公司旗下有经验的业内主播担任"主播"这一职务，两组队员将出席担任直播助理的角色，团队找来的村播会担任副播。

序号	时间	环节	内容
20	20分钟	直播策划	在直播策划中，一组（A、B、C、D）产生了分歧，因为B是性格非常强势的人组内进行讨论时，如果有与B想法不同的地方，B就会否决提案让组员重新想，整体策划迟迟没有进展，A对于B的做法颇有微词，但是考虑到是团队合作还是忍一忍。随后在辅导员们前来中途突击检查时，发现二组成员们的进程非常慢，询问队员们原因，A、C两人同时开始指责B的做法，B不理解，提出之前没有人反对他的做法，现在这样说让他很意外，A、B、C发生了争吵。 　　二组（E、F、G、H）刚开始进展顺利，大家心情都很好，一边工作还可以一边开玩笑，但是二组逐渐发现组员H虽然人性格很好，但是在工作中经常摸鱼，E提议给H分一些工作的时候，H会以自己的学历不如大家以开玩笑的形式推脱掉，队员感到无奈又因为H的态度好没有直说。晚上两组工作都告一段落，B来到A、C的宿舍向大家道歉，三人将问题讲开重新和好，并且打算夜晚赶工策划明天的直播。E晚上在宿舍和F吐槽H时被电商辅导员听到，辅导员前往G、H宿舍进行谈话，希望H能够摆脱学历这种东西的限制，积极提升自己的能力，H也接受了辅导员的建议。 　　（其中观察团的点评随时穿插，特别是当组内产生矛盾的时候，以及针对直播策划中实习生们感到为难的部分，观察团嘉宾都可以提出一定建议和评价，回忆自己的团队合作经历。）
21	20分钟	现场直播	在胡家坡村的最后一天，两组之间的直播带货正式开始。两组成员在淘宝直播官方账号同时开启直播，两组成员面对第一次直播都相当的紧张，两组第一个参与到直播中的D和F都不习惯镜头，出现了躲避镜头且沉默的状态，二组觉得这样不是办法，E决定先把F换下来，让比较能说会道的H先上场，H虽然很会说也有幽默感，却出现了不了解F介绍产品的情况。一组看到D在直播中沉默不语非常着急，ABC在直播间外不断提示D，但是ABC之间说提示时会相互影响，D一时之间不知道听谁的。还是靠着专业主播带气氛，才稳住直播间的情况，也顺利换人，完成接下来的直播。 　　（穿插观察团对于直播中大学生嘉宾失误时的反应，以薛兆丰老师为主随时对两组成员的发言和用语进行点评。）
22	2分钟	公布两组胜负	根据详细数据计算，得出最终结果。

序号	时间	环节	内容
23	5分钟	直播回顾	复盘直播中存在的问题，辅导员团队分别指出两队在直播时还可以进步的点，并在村播中选出值得签约了两人。
24	5分钟	展现两组气氛	败者组有些失落，大家围坐在一起反思了辅导员们提到的问题，并决心下回一定要取得胜利。胜者组的成员为自己努力后有所收获而开心，他们着重赞扬村播们在直播时为组内提供的帮助，邀请村播们留下来和他们一起庆祝。
25	6分钟	演播室	演播室请到了本站他们选择的队员B和G，并询问他们对于这一站的感想和收获，B谈到了自己之前与A和C的争执，表示大家不要误会之后的组内合作还是很愉快的，G则提及大家根据他的方案修改选品方案时的喜悦之情。
26	1分半	口播	淘宝直播、娃哈哈、携程旅游
27	1分半	片尾	广告＋精彩下期预告

八、经营规划

（一）广告植入

通过主播的好物分享，产生实实在在的购买力，更符合直播带货综艺的定位；通过赞助商的广告植入，将观众的注意力价值变现，同时在不影响观众收看体验的前提下，提升节目的品牌价值。

（二）额外内容

"独家内容"部分在收看平台上设置额外付费（少量），在保证免费内容完整性的前提下，将观众可能感兴趣的部分单独收费，满足受众的好奇心的同时，实现额外变现。

（三）IP赋值

待节目成为大IP，品牌方可以直接转化为销售。品牌方的价值，不仅仅在于节目中的曝光，其"内容＋网络平台＋品牌＋电商"的模式，能够形成一套多元化的"流量变形"的商业化玩法。在美食、日用品等垂直分类中，打通相关的品牌、电商等渠道，圈住并且打透目标用户群体。

基于节目受众分布大多为心系农村，知晓直播带货的年轻群体，节目的经营着力点，为直播销售农副产品，通过年轻人经常使用的App，以弹屏广告、通知推送的方式吸引年轻人观看与购买，可以通过节目嘉宾的流量引流至购买链接等，利用嘉宾粉丝的购买力，关注节目的观众的消费能力进行创收。

九、公益计划

鉴于本节目的最终定位为扶持乡村振兴，所以节目组设定，在每期节目的最后销售环节，每一期获胜的一方将得到虚拟金币和助农启动金。在本季节目的最后，参赛者能够用自己累计的助农金对农村产业进行投资，或者对乡村基础设施建设进行捐助。让节目从观察类真人秀节目升华为关注乡村振兴的正能量节目，传递出社会主义核心价值观。

十、广告

（一）赞助商选择

1. 独家冠名5000万

淘宝直播：中国直播电商消费专业平台，为直播带货达人提供海量货品选择，为千万商家提供新电商消费模式，轻松实现边看边买，满足各种类推广场景，随时随地卖货变现。本节目的主要环节和最终目标就是直播带货，用户最广的直播带货平台作为冠名商再合适不过，同时将用作节目官方指定直播平台，也可推广节目知名度。

2. 联合特约2500万

小红书：一个深受年轻人喜爱的图片＋视频种草类App，平台里有海量旅游攻略、美食健身日常等类型的内容。大学生群体使用率极高，符合节目调性，可用于记录扶贫之旅、发布助农日记、发现祖国山河之美，在平台出圈的内容还可以为节目引流。

3. 互动支持1800万

OPPO Reno8：深受年轻人喜欢的手机系列，高颜值实力派，用于节目中的拍摄记录、实时沟通、接受任务。

4. 行业赞助 视品类洽谈

（1）东风本田旗下的新都会SUV旗舰UR-V——官方指定用车，载着嘉宾前往目的地的座驾，行遍大江南北，为乡村振兴加足马力。产品特点是大空间和充沛的动力优势，适合在乡村驾驶，让嘉宾拥有舒适惬意的出行体验，契合节目风格，赞助过向往的生活。

（2）曼秀雷敦（美妆个护类产品）——中高端品牌，以大学生、白领等年轻一族为主要目标消费群体，品牌知名度较高，重点是其近几年正在主打男士系列护肤用品，在节目中，不管男嘉宾女嘉宾都可以用其产品进行旅途中的防晒修护，符合节目受众群体，大学生嘉宾使用机会多。

（3）招商银行——旗下有各种金融产品和助理农业贷款创业项目，呼应节目乡村振兴的目标，对品牌方来说提升企业形象和公信力。

（4）娃哈哈——快消类产品，补充旅途水分，摆放机会多。

（5）携程——推广乡村旅游。

（二）广告具体插入和表现形式

1. 标版

独家冠名——"本节目由×××独家冠名播出"；

联合特约——"本节目由×××联合特约播出"；

互动支持——"上小红书参与节目互动，赢oppo reno7"；

行业赞助——"本栏目×××类由×××特别赞助播出"。

2. 宣传片

宣传片内容后＋5秒独家冠名标板＋5秒联合特约标版。

3. 每期精彩预告角标（联合特约）

位于每期正片前，在预告内容的左上角出现。

4. 广告插播位

每期节目三次硬广插播，按顺序依次出现4种广告形式——×××提示您下节更精彩、播广告、logo转场、口播本节目由×××独家冠名……本节目由×××联合特约……感谢×××对本节目的大力支持……

（1）下节精彩提示（联合特约）：配音"×××品牌提醒您下节更精彩"，位于三次硬广插播之前。

（2）硬广插入：插播企业广告片——独家冠名三次都播，联合特约只倒一倒二位置的两次，互动支持、行业赞助都只一次。

（3）转场片花（独家冠名）：带有"淘宝直播"冠名字样的节目大logo。

（4）口播＋压屏提示条（只互动赞助不给）：口播的同时屏幕下面出现品牌logo的压屏条。

5. 压角标（独家冠名）

"淘宝直播"logo设计成角标，节目播出时挂于屏幕右下方，不少于每期节目时长50%。

6. 互动支持翻滚条（互动赞助）

位于节目正片中，左下角出现提示互动方式的翻滚条——"上小红书参与节目互动，赢OPPO Reno8"，每次时长120秒，小红书logo固定在翻滚条左侧前端，6次/期。

7. 片尾拉滚

独家冠名的品牌logo固定在拉滚条左侧前端，特约、互动、赞助以拉滚的形式鸣谢。

8. 元素露出

赞助商品牌元素在节目正片中与节目内容结合或露出，如：演播室墙面涂带有"淘宝直播"冠名字样的节目名大logo、嘉宾沙发放小红书靠枕、嘉宾面前的桌上摆设娃哈哈矿泉水，以及携程旅游的小立牌等；乡村场景中使用赞助商SUV时给镜头给车标志，嘉宾在户外使用防晒修护用品、用手机记录乡村美景等。

十一、竞品分析与应对策略

（一）战略层面

2021年，"电视、网购、直播"早已不是新鲜词，越来越多的人选择线上网购。根据《第48次中国互联网发展状况统计报告》数据显示，截至2021年6月，我国电商直播用户规模为3.84亿，同比增长7524万，占网民整体38%。并且电商市场规模也在保持两位数增长，根据网经社数据显示，2020年我国电商市场交易规模达到12850亿元，2021年交易规模达到23500亿元。其中2019年、2020年增长率分别为227.7%、189.57%。

在电商市场规模如此庞大情况下，以娱乐带动消费的模式愈加成熟。从最初的电商平台直播带货，再到明星们、网红们下场直播带货，再到综艺节目中吸纳电商元素，将直播电商与娱乐内容再次深度结合。据统计，仅在2020年，就有20档左右直播类综艺出现，包括爱腾优的网综以及电视媒体的头部综艺，都有涉猎直播综艺。

（二）竞品分析

直播题材综艺大致分为三类：第一类是围绕卖货展开，这类节目以综艺化表达进行直播带货，通常节目每期都会邀请明星来对商品进行好物推荐，带着观众边看边买；第二类就是直播衍生类，更多聚焦主播背后的故事；第三类则是竞技类，节目以游戏闯关、唱歌PK的方式来达到引流的目的，偏向于直播音乐综艺。

根据节目对标，我们选择了由芒果TV在2020年推出的电商助农直播真人秀类综艺——《希望的田野》进行具体分析。这档节目跟随艺人的视角，通过直播带货的方式，发掘当地特色农产品，展现地域美，培养助农直播人员，推广"新农潮"。节目将直播带货＋真人秀＋助农三大元素结合，跳出文艺助农、文旅助农的传统模式，转向探索直播真人秀的全新领域。

1. 真实体验带货全流程，为乡村振兴提供直播样本

让艺人流量助力农产品售卖，成为多档综艺节目的基本操作。然而同质化

的田园风光，缺乏辨识度的农副产品，节目开播时热热闹闹，散场后无人问津的状况成为一大问题。《希望的田野》则是通过"授人鱼不如授人以渔"的方式，培养当地助农直播人员，解决这一难题。节目以直播为真人秀载体，通过体验直播各个环节，生动形象地给人上了一节直播通识课。

2. 直面乡村带货痛点与难点

近几年，助农综艺已经拥有较为成熟的节目类型与范式，大多数都是以文艺助农或是以文旅助农，直播带货则只是作为真人秀的辅助挂件。《希望的田野》节目则不同，它把直播作为真人秀的主体。在艺人体验后，立即奔赴实地，开启独立选品、策划、直播。直播是一个商业行为，必然面临各种法律制约，然而市面上大多数乡村农产品都存在虚假宣传、产品不具备销售资质等问题。节目中通过艺人在帮助村民脱贫的"情"以及尊重法律法规、商业规则的"理"两者之间的平衡，展现了如今乡村带货的痛点与难点。

3. 直播模式新探索

节目中为了获得更好的受众触达效果的直播转化率，《希望的田野》在彝绣推介中，将艺人们分为两组，通过PK方式选择最具代表性的村播。这种竞播的方式，激活了节目对直播带货的创意策划，其载歌载舞的独特呈现方式，也有别于传统口播带货。这种直播新模式不仅传播传统文化，也扩展了助农的新道路。

（三）SWOT分析

不可否认的是直播综艺确实是实现了多方赋能。网友们与明星主播的互动为直播间带来更多流量，综艺节目提前在直播间亮相也满足了粉丝群体对于节目录制的好奇心，为节目带来多方赋能。但是直播综艺也存在不少问题：第一，目前只有头部内容生产机构才能较好运行直播综艺。头部内容生产机构和品牌电商平台都拥有良好的合作，对于广告入驻也有先天优势。品牌需要的是流量与产品销售转化率，而只有拥有一定的用户群体的头部内容生产机构才能符合品牌的标准。第二，直播综艺的观众数量会比录播综艺少，但是由于直播综艺对于内容的要求，制作成本又高于录播综艺。

（四）应对策略

1. 播出平台

在播出平台上我们选择的是腾讯，以网络综艺的形式播出。首先腾讯作为头部平台，更容易获得广告招商以及与其他平台合作。其次我们的受众主要是具有一定消费能力的25～35岁群体，这一部分群体收视习惯更集中在移动端。

2. 第二演播室引入

明星作为观察嘉宾在第二演播室出现，采用"固定主持＋飞行嘉宾"模式，能够减少制作成本，又能较好利用明星效应。

3. 录播＋直播

节目采用录播形式播出，而带货环节则在手机端直播播出，并且直播环节所取的成果会算入考核中。这让观众更有参与度，也避免了节目同直播两者之间的收视冲突。

《一起上冰雪》节目创作手册

一、节目简介

片名：《一起上冰雪》

总期数：12期

播出时间：每周六晚8：30

每期时长：120分钟

播出平台：浙江卫视、腾讯视频

在专业运动员的指导与培训下，受邀而来的各路明星嘉宾以及从偏远地区前来的儿童选手，在进行一定时间的备战后，展开冬奥相关运动项目的赛事比拼。

相关冬奥项目：单板/双板滑雪、短道速滑、花样滑冰、冰球、冰壶。

节目以全景记录的拍摄方式，为观众全方位呈现明星与小选手进行训练比赛的台前幕后。而其中，究竟是完美展现还是重摔在地，一切都是未知的冒险和悬念。

二、策划背景

北京冬奥会之后，通过对冬奥遗产的良好运用（冬奥遗产：室内外场馆设施、专业运动员教练员、相关政策倾斜、逐渐体验其中乐趣的观众等），继续发掘其中价值。

作为一档全景实境冰上真人秀，从未受过专业训练的明星嘉宾、偏远地区而来的小嘉宾，入驻训练营，在专业运动员团队的带领下，接受残酷而又充满乐趣的技巧训练，并接受每周一次的与飞行嘉宾团队的对抗比赛。

以此为背景，推动基层接触冰雪运动，并以此为依托，改变社会大众固有的冰雪运动为"贵族运动"的观念。

三、节目宗旨

积极响应"带动三亿人参与冰雪运动"的实施纲要，让观众通过节目和明星的现身说法，进一步激发国人对于冰雪运动的热爱，并以此完成对专业人才（此处代指运动员培养）、商业价值等挖掘，并以此为依托，继续完成各类相关产业的转型发展，完成对冬奥遗产的良好运用。

除此之外，"运动员"们风采的展现，将进一步呈现奥运精神。通过一段时间的备战，他们将不仅是技巧上的成长，更大的意义在于对自我的超越。

四、节目特色

（一）寓教于乐

明星嘉宾带小朋友们学习项目前，有专业的运动员、教练员为大家讲授该项目的相关历史、专业知识及注意事项，学习之后会有相关的知识竞答环节，通过一些有趣的游戏在赢得积分的同时也能巩固之前所学的知识。节目播出时，在知识竞答环节观众可以发送弹幕与嘉宾一同答题，后台针对正确率和回答时效等综合数据进行统计，为排名前十位观众提供由赞助商提供的礼品。

（二）专业性

每两期节目都会邀请一位知名度较高的优秀运动员向嘉宾和小朋友们讲解体育知识、与他们一同参与到比赛中，同时配备国内顶级教练员协助教学，在保证大家能够真正学到一些有用的技能的同时，也最大程度地保障嘉宾和小朋友们的安全（避免错误的运动方式对嘉宾身体的造成伤害），让观众了解到更加专业的知识。同时，每个项目都会去到国内的专业场馆，保证大家的良好体验。

（三）竞技性与娱乐性兼顾

体育中的一个重要部分就是竞技体育，因此节目中一定少不了竞技。节目中嘉宾在对每个项目进行专业化的学习之后会进行几场比拼，将传统的比赛与游戏相结合，在不改变该项目的规则和评分标准的前提下，降低比赛的难度，增加节目的观赏性。奉行让观众"能看懂、愿意看、喜欢看"的原则，将娱乐融入体育竞技中，在感受体育竞技魅力的同时愉悦身心。

（四）年轻化

节目邀请的明星嘉宾和知名运动员均是为当代年轻人熟知、价值观正确、能引起年轻人兴趣、了解时下青年人文化并经常活跃在大众视野中的人物。在他们对知识、技能的学习和比赛的过程中，节目向观众传达出当代青年对体育的热情、对强身健体的坚持，向不同年龄段的观众表现出青年人乐观向上的朝气。同时，在节目中采用年轻人喜爱使用的弹幕为互动方式，丰富节目形式，引起青年人的互动热情。

（五）教育与普及性

节目邀请一些南方较为偏远地区的没见过冰、雪的小朋友，在明星运动员和明星嘉宾的带领下学习冰雪运动技能，以推动冰雪知识、冰雪运动在南方地区、在青少年中的传播。

五、嘉宾及主持人

（一）固定嘉宾——易烊千玺

中国内地男艺人，形象帅气阳光，集歌手，演员，舞者于一身，是国内著名演唱组合成员，就读于中央戏剧学院，是一位拥有多部代表作的实力派偶像，如《少年的你》《送你一朵小红花》《这！就是街舞》等。在综艺节目中大方，活泼运动的形象也深入人心。他曾参演过冰雪类综艺《大冰小将》，在节目当中驾驭冰岛也游刃有余，作为明星嘉宾形象阳光向上，可以很好地辅助小队员们学习和练习。而同时他还有另外一个身份——国家冰雪运动推广大使，和谷爱凌一起合拍的冬奥火炬短片《冰雪之约》引爆全网，点燃了全民冰雪的热情，极大地激发了人们对冰雪运动的期待，相信在这档节目里易烊千玺和冰雪的再次合体能够起到让更多人了解冰雪之美、冰雪之乐，进而尝试并热爱上冰雪运动的效果。

（二）主持人——撒贝宁

中国内地节目主持人，撒贝宁多才多艺，才华出众，主持央视节目《今日说法》而闻名，在央视主持节目一副严谨睿智的他同样有着亦庄亦谐的另外一面，除却一本正经的法律节目主持人，小撒还是荧屏上妙趣横生的"综艺小王子"，《了不起的挑战》《明星大侦探》让更多人认识了撒贝宁的另一面。他在综艺节目中彻底放开自己后让人们认识到了原来撒贝宁如此可爱，并且拥有着很好的分寸感，该好玩的时候撒贝宁不会吝啬他的金句，严肃时也可以迅速切换到主持人的一面，在这档综艺节目当中既可以很好地与嘉宾互动，顺起节目流程，同时又能妙语频出保证一档综艺节目的娱乐性，在参加央视节目《冬日暖央yang》，撒贝宁的滑雪技术也是广受好评。

六、节目流程

（一）主要流程

节目共12期，每2期一个项目，本节目共涉及六个项目分别是：冰球、短道速滑、花样滑冰、冰壶、单板滑雪、双板滑雪。

第一期播放明星嘉宾VCR，主持人请出本期明星运动员，播放运动员VCR，运动员出场，嘉宾和运动员与小朋友进行一些交流，运动员通过一些小片向嘉宾和小朋友科普该项目有关历史、规则等相关知识，进行一些与该项目相关的游戏并分队。

第二期，训练＋比赛＋赛后总结＋颁奖。

（二）分期梗概

节目共12期，每2期为一个单元共同围绕一个运动进行介绍并展开活动，2期内容大致为：嘉宾和小朋友培训＋知识竞答部分和培训技术动作＋竞赛部分。

第一期（嘉宾和小朋友培训＋知识竞答）

邀请冰壶专家和明星运动员共同为明星嘉宾和小朋友们讲解冰壶相关知识，通过小游戏对所学知识点进行复习并根据小游戏积分进行分组。明星运动员、明星嘉宾共同来到冰壶国家队训练场地实地观摩冰壶国家队的训练。明星运动员、明星嘉宾转场到下周进行冰壶培训的训练基地为接下来为期一周的冰壶培训做准备。

第二期（培训技术动作＋竞赛）

播放最近一周的训练内容集锦，对过去一周冰壶学习中明星嘉宾与小朋友们之间的磨合、问题、冲突、突破和进步进行展示，让观众了解到一些冰壶学习过程中需要注意的事项。训练结束后，按照先前分好的两支队伍进行冰壶比赛（此处的比赛在会正规比赛的基础上适当降低难度）。比赛结束后对胜利的队伍进行颁奖。

后十期除了运动项目不同外，其他内容均与前两期内容流程一致。

（三）节目脚本

表1　第一期节目脚本

编号	流程	总时长	时长	具体内容	画面建议	备注
1	片头	15s	15s	卡通人物形象进行冰雪运动		
2	冠名商	45s	30s			
3	引入	5min 45s	5min	北京冬奥会回顾小片	雪山、冰上比赛画面，回顾获奖情况，感人瞬间	右下角为角标，冠名商和两个赞助商交替出现，冠名商20s，赞助商各10s，播完中间休息半分钟继续循环。
4	主持人登场	6min 15s	30min	主持人上场说口播＋开场白	主持人单人镜头	角标：介绍主持人

编号	流程	总时长	时长	具体内容	画面建议	备注
5	嘉宾介绍小片	10min 45s	4min 30s	明星嘉宾小片（15秒一个）＋小朋友小片（3分钟）与主持人互动（30秒一个）	嘉宾小片：介绍嘉宾背景资料 小朋友小片：介绍小朋友家乡情况以及小朋友自我介绍	重点表现嘉宾对该项目的喜爱，小朋友对于冰雪运动学习的渴望，需要节目开播前提前录制
6	运动＋小片【引出项目】	12min 45s	2min	主持人与嘉宾和小朋友互动引出本期运动项目＋运动项目小片	多用正反打镜头展现主持人与嘉宾和小朋友反应	
7	互动＋小片【引出运动员】	14min 45s	2min	主持人与嘉宾和小朋友互动引出本期明星运动员＋运动员小片	运动员比赛画面	主持人与嘉宾和小朋友互动时可以给运动员留下悬念，最后再揭晓
8	运动员出场＋互动	15min	15s	运动员登场与嘉宾和小朋友互动	多切反应镜头，主持人与嘉宾和小朋友表现惊喜	
9	广告	15min 30s	30s	安踏广告		
10	引入下一环节	16min	30s	主持人口播＋冰雪小课堂环节介绍	视频的方式引出下一个环节	

编号	流程	总时长	时长	具体内容	画面建议	备注
11	冰雪小课堂	66min	50min	1.邀请业界专家介绍冰球历史（穿插小片） 2.冰球理论知识抢答（积分） 3.邀请2022北京冬奥会冰球项目裁判讲解冰球规则（穿插小片） 4.播放冰球比赛视频，让嘉宾指出视频中犯规现象 5.明星运动员介绍冰球训练主要内容及方法（穿插小片） 6.全场嘉宾通过小游戏对所学内容进行回顾（小游戏：通过旱地冰球，把冰球打进门进行积分） 7.通过积分进行分组（积分高的小朋友可以优先选择队长）	注意补充画面特效来强调知识重点	第一期主体部分，尽可能将专项知识通过嘉宾以及小朋友互动与知识讲解的方式让观众掌握该专项的知识
12	实地观摩冰球队训练	86min	20min	全体乘坐大巴来到冰球国家队训练基地实地观摩球队一天训练＋与队员交流＋嘉宾和小朋友备采	明星嘉宾表现羡慕；小朋友表现对冰雪运动的渴望	为观众还原最真的冰球训练场景
13	开始训练	94min	8min	全体成员来到训练基地开始准备训练＋分配装备＋房间分配	战术训练环境，多空镜	让观众零距离接触备战一线
14	冰上初体验	97min	3min	全体队员上冰状况百出	运动员帮忙指点	
15	片尾	100min	3min	本期回顾＋下期预告	留下争议争吵镜头，制造悬念	

表2 第二期节目脚本

编号	流程	总时长	时长	具体内容	画面建议	备注
1	片头	15s	15s	卡通人物形象进行冰雪运动		
2	冠名商	45s	30s		注意冠名商产品特写镜头介绍。	
3	上期回顾	5min	4min 15s	回顾上期精彩片段，片尾处以明星嘉宾以及小朋友们的冰上初体验状况百出等引出今日比赛的悬疑性与任务艰巨性	截取精彩片段，如嘉宾动作、反应以及现场突发状况，必要时加慢动	画面结束旁白抛出疑问，引发观众联想
4	主持人上场并发布任务	9min	4min	主持人上场开场白＋口播 并发布任务：队内位置分工	主持人单人镜头	角标介绍主持人，队内位置分工需制作动画演示
5	位置分工	19min	10min	两队队内位置分工讨论：积分低的一队率先将位置分工公布；积分高的一队可针对更改队员位置，并只选择其中一位进行公开身份 位置分工环节：上场6人。按位置分工：守门员1人，后卫2人，前锋3人	注意分工讨论场景展示，可运用过肩拍摄	
6	总结比赛即将开始	24min	5min	双方领取队服 主持人总结比赛即将开始做好准备	无须太多时间，但需给队服安踏标特写	队员可赞队服好看
7	比赛日主持人开场	30min	6min	观众根据防疫要求进场落座 队员热身 主持人开场＋口播	队员热身正面、侧面形象，及主持单人镜头	

编号	流程	总时长	时长	具体内容	画面建议	备注
8	嘉宾登场	35min	5min	两队明星嘉宾带领小朋友们逐队登场亮相主持人介绍阵容分工	嘉宾正面、侧面展现形象,并切现场观众反应	出场镜头可拉远,展现赞助背景板
9	裁判团+解说席	37min	2min	裁判团简介:裁判人员包括二位场上裁判,两名球门裁判员。两名边线裁判员,一名计时员和一名记分员。两位场上裁判员共同对整个比赛的时间进行监控,各负责一边半场。边线裁判员主要在越位时打出信号专业解说员在现场进行解说	裁判员、解说员特写,并在下方提供字幕及动画演示。裁判分工与简单介绍	体现出裁判员、解说席的专业性
10	比赛	80min	43min	冰球比赛场赛时60分钟,分为三局,每局争时赛足20分钟,局间休息15分钟局间休息教练队员商量下一步策略	比赛成员画面展现。体现竞技性、娱乐性,可参考冰球比赛转播画面	还原真实比赛场景;比赛时出现小浮窗;进行专业知识科普(可根据解说即时出现)
11	光荣时刻	95min	15min	胜者队颁奖+播放胜者队训练高光时刻+主持人宣布将以胜者队的名义捐赠相关冰雪项目在具体基层的建设基金	切举杯时两队反应镜头,高光时刻加入慢动,建设基金嘉宾到场	营造现场氛围,体现嘉宾关系进一步拉近
12	片尾	100min	5min	下期预告	留下争议镜头,制造后续悬念	

七、受众分析

邀请明星加盟吸引大量的年轻粉丝；节目中真实搞笑的情节和冰雪项目学习时产生的冲突的故事环节也会吸引大量的青少年儿童。在节目中，青少年儿童在节目中可以感受到竞技的冲突和乐趣；年长的观众则可以在节目中看到社会意义和情感的传递。所以本节目的收看体验几乎可以满足所有层面观众的收看欲望。

尤其是在近年来冰雪热的背景下，冰雪类真人秀节目大热。本节目于2022年北京冬奥会之后播出，国内奥运氛围仍旧浓厚，全民健身热情持续高涨，冬季项目更加普及；加之全民健身已经上升为国家战略，体育产业发展空间巨大，更需要相关节目加大宣传力度，进行冰雪运动的普及。本节目不仅符合综艺的娱乐元素，更被赋予公益的性质，明星效应与公益活动的相互碰撞激起更多人的观看欲望。公益元素的融入也使本节目符合时代的需求，能够有效地扩大本节目的受众范围。

（一）现实受众

主要是年轻观众，分为两大类：明星及知名运动员粉丝和冬季项目爱好者。他们会由于本节目明星的加盟而关注节目，并成为节目的有力宣传者。他们会关注有自己偶像参与的每一档节目，因此会关注每期节目。关注娱乐圈的冬季项目爱好者会在了解冬奥项目的情况下，通过本节目去了解运动员赛场下的另外一面。

这些受众会从节目宣传初期就主动关注节目动向，基本关注整季节目。

（二）潜在受众

冬奥会之后，在我国国内对冬季项目的关注度相较于现在大大增加，冬季项目热度提高。作为传播度和接受度相对较高的宣传载体，综艺节目可以借助并冰雪项目的热度及在冬奥会中热度较高的运动员相关元素，提高人们的关注度。结合2020年东京奥运会后部分国内运动员的知名度大大增加，成为综艺节目中的焦点人物。

由于本节目有一定的冬奥项目科普性质，潜在受众也包括家长与儿童，家长可能会通过带领孩子观看节目而让孩子增加对冬季项目的了解；或是借助观看这种老少皆宜的节目作为家庭娱乐活动。对节目来说，运动员通过参与综艺项目增加曝光，可能使更多关注冬奥会及相关运动员但对娱乐节目关注较少的人即为本节目的潜在受众。

节目本身具有娱乐性，明星效应与节目效果会更加激起观众的观看欲望，加之节目的宣发渠道增强与观众的互动性，使本节目能激起更多人的参与热情，得到更多人的关注。

八、广告构想

总冠名招商价格：1亿人民币/季度

赞助商价格：1000万/季度（共两位赞助商）

（一）硬广

1. 标版广告（节目播出前/后）

"本节目由我选择我喜欢的安踏独家冠名播出，我选择我喜欢，安踏，永不止步"；

"本节目由随时随地助你摄取维他命的农夫山泉维他命水赞助播出，补充营养就选维他命水"；

"本节目由户外必备的云南白药赞助播出竞技体育有风险，云南白药在身边"。

2. 节目广告

提前拍摄好的冬奥与冠名/赞助商品相关的小片（可以从运动员故事，三亿人上冰雪等方面入手）作为节目的中插片段。

（二）软广

1. 口播

主持人开场：欢迎来到由我选择我喜欢的安踏独家冠名播出的《一起上冰雪》，我选择我喜欢，安踏，永不止步。感谢随时随地助你摄取维他命的农夫山泉维他命水和户外必备的云南白药对本节目的大力支持。

2. 角标

右下角角标，冠名商和两个赞助商交替出现，冠名商20秒，赞助商各10秒，播完中间休息半分钟继续循环。

3. 剧情广告（三段广告分别插在节目中间）

（1）嘉宾和小朋友培训＋知识竞答部分：

在全部讲解完成之后进第一个植入，给两个嘉宾近景【一个嘉宾问另一个嘉宾"听了这么长时间的知识，你怎么还这么有精神？"另一个嘉宾说："因为有维他命水，这个水是补充能量的。"】

知识竞答中间进第二个植入，两个嘉宾全景【一个嘉宾问："这么冷的天你怎么不冷啊？"另一个嘉宾说："因为我穿了安踏啊！安踏东方美学及先锋科技融于一身，集舒适保暖与美观于一体！"】

准备去学习技术动作前，第三个植入，两个嘉宾中景【一个嘉宾问："万一咱受伤怎么办？"另一个嘉宾："没事，咱们有专业团队！而且即使受了伤，我们还有云南白药做保障！"】

（2）培训技术动作＋竞赛部分：

培训中间休息时间第一个植入，给两个嘉宾近景【一个嘉宾问另一个嘉宾"学了这么久你怎么还这么有精神？！"另一个嘉宾说："因为有维他命水，这个水是补充能量的。"】

培训结束进第二个植入，两个嘉宾全景【一个嘉宾问："你怎么穿这么多还能这么灵活？"另一个嘉宾说："因为我穿了安踏啊！安踏东方美学及先锋科技融于一身，穿着轻松舒适随身，完全不会限制我的活动！"】

准备去比赛前，第三个植入，两个嘉宾中景【一个嘉宾问："万一咱受伤怎么办？"另一个嘉宾："没事，咱们有专业团队！而且即使受了伤，我们还有云南白药做保障！"】

4. 扫画

明星运动员出场前小片前后用带有冠名商的广告板，小片的包装边框带冠

名商logo;

相关资料播放前后用带有冠名商的广告板，小片的包装边框带冠名商logo;

比赛方式内容介绍前后用带有冠名商的广告板，小片的包装边框带冠名商logo。

5. 布景植入

嘉宾和小朋友培训 + 知识竞答部分;

嘉宾桌上摆农夫山泉维他命水和云南白药创可贴，嘉宾和小朋友全身衣着安踏;

培训技术动作 + 竞赛部分;

嘉宾和小朋友全身衣着安踏、场地内围栏云南白药和农夫山泉维他命水交替环绕;

场内旗帜标有安踏标识的节目名称。

九、节目宣传

（一）开播前

制作多段短视频预告片，在不同时间段（如开播前两个月、一个月、半个月、一周等）在（节目播出平台）、微博、抖音、哔哩哔哩等平台上发布。

联系多家自媒体，撰写节目相关文章，如节目简介、节目看点推荐等内容（可配节目预告图），并在微信公众号、百度首页推荐、QQ看点、今日头条等网络平台上。

开通官方微博并发布节目简介、节目特色、嘉宾预告，视频预告等相关内容并多次转发，受邀嘉宾可适当转发。

设计节目静态、动态图片广告，投放在微博、百度等热门App首页，也可投放至线下公交车站、地铁站、购物广场广告屏等。

在知乎、贴吧等论坛上发布相关问题（如×××有什么值得期待的地方等），可适当委托用户进行一些积极回答。

在App上发布短视频预告、图文推送等相关内容。

（二）播出时

每期节目播出后，在官方微博上发布节目精彩片段、花絮、高清图片等，可邀请嘉宾、参赛选手适当转发。

联系多家自媒体，撰写节目相关文章，并在微信公众号、百度首页推荐、QQ看点、今日头条等网络平台上。

设计节目静态、动态图片广告，投放在微博、百度等热门App首页，也可投放至线下公交车站、地铁站、购物广场广告屏等。

在知乎、贴吧虎扑等论坛上发布相关问题（如怎样评价×××），可适当委托用户进行一些积极回答。

在微博、微信等平台上发布vlog投票与有奖竞猜相关信息，附上App窗口跳转链接。

（三）播出后

在知乎、贴吧等论坛上发布相关问题引发热度进行讨论，让观众们对嘉宾和小朋友的发挥进行一定评价。

关注小朋友们后续对冰雪活动的热爱，并拍摄视频上传至各大平台官方账号，突出节目效果。

十、竞品分析

《一起上冰雪》是一档明星挑战冬奥冰雪项目带有科普性质的娱乐综艺节目，主要将围绕冬季奥林匹克运动项目进行赛事比拼。下面我们将冬季奥林匹克运动知识科普类节目和冰雪运动类娱乐节目代表作品与本节目进行比较，分析出本节目对标相似类型节目的优势所在。

（一）冬季奥林匹克运动知识科普类节目

1.《冰雪聪明》

《冰雪聪明》是河北卫视推出的一档关于冰雪运动知识的"迎冬奥"全民

益智答题节目。

优点：

节目内容专业性强：节目以具有趣味、丰富和欣赏的创作原则，目标是传播普及冬奥和冰雪运动相关知识，在节目中利用问答的形式，回顾历史上的冬奥相关故事，让观众通过不一样的方式来了解冬奥，积极推动冰雪运动的宣传与推广，激发全社会人员对冰雪运动的热情，助力实现"三亿人上冰雪"的美好愿景。

节目嘉宾全民性：在《冰雪聪明》这档节目中，参赛选手是来自全国各地的冰雪运动爱好者，涵盖了不同年龄阶段，充分体现了冰雪运动的"全民性"，节目现场还会邀请专业人士来进行相关故事的讲解，让观众和选手对冬奥会产生更加深刻的理解；相较于《冰雪聪明》的普通大众选手居多的状况，本节目借鉴竞品节目"全民性"的优点，在明星召集人的领衔下，召集百位大众冰雪体验人共同组队完成团体项目的比拼，专业运动员教授冰雪运动实践，明星嘉宾同小朋友们一起学习冰雪项目相关知识。

缺点：

播出时间红利期短：每周日21：20；相较于本节目黄金档时间段，周日21：20的时间安排压缩上班族、上学族等主要受众群体的观看时长空间，降低首播后回看率，而本节目——的时间提供更长回看周期，首播观看率较其他时间段处于收视红利期。

播出平台曝光度少：河北卫视；相较于本节目播出平台的浙江卫视，河北卫视优势在于拥有冰雪运动开展地资源以及毗邻北京冬奥会比赛场地优势、冰雪运动普及度高契合《冰雪聪明》节目"全民性"的特点、冰雪运动气氛浓郁等优点，相比较缺点而言河北卫视曝光度不及浙江卫视。本节目优势在于依托浙江卫视是一个高曝光度的平台，该平台的真人秀类的娱乐节目制作深入人心，能够继承部分平台忠实粉丝收视红利资源，同时浙江卫视《这就是灌篮》《来吧！冠军》等经典体育综艺节目的制作团队经验丰富，同时本节目符合浙江卫视近年"体育＋综艺"的布局趋势。

节目内容科普性质强稍显枯燥：最大缺点为实际呈现效果稍有枯燥，专业性与娱乐性之间融合没有达到预期"1＋1＞2"的效果，观众受众面相对较窄；相比较前文叙述的本节目的内容来分析，本节目吸收科普类节目的专业性的优势，保留知识竞答环节，并在知识竞答环节设置题目上吸取知识科普竞品节目的"专、精、尖"的优点，避免科教无味的知识灌输，借助明星游戏互动达到活跃气氛轻松愉快让观众更容易吸纳冰雪专业知识，传递奥运精神。

节目嘉宾知名度不高，引流欠缺：《冰雪聪明》这档节目的嘉宾素人选手占大多数，评委也为冰雪运动项目领域的专业从业人员，明星嘉宾较少，宣传引流能力较差；本节目在吸收《冰雪聪明》全民性的基础上，更有明星嘉宾的加盟助阵增添亮点。

2.《冬奥大家谈》

《冬奥大家谈》是北京卫视与冬奥组委新闻宣传部联动的国内首档冬奥资讯评论节目。虽然本节目与《冬奥大家谈》相似度不高，作为冬奥科普类高收视节目仍有吸收借鉴之处。

优点：

嘉宾设置：权威新闻人深度解读、民生视角采访群众、全球视野采访外国相关专家领导人等；受到《冬奥大家谈》启发，本节目将在专家阐释环节、动作解析教授环节增设外教拓宽国际视野。

缺点：

节目时长短，短时间内高度输出易造成教条感：30分钟高速输出冬奥冰雪相关知识的精华部分；本节目将在每个环节留出时间专业人士专门科普冬奥冰雪知识，组成整个节目的一小部分。

节目内容高精尖，普通大众接受程度低：以北京冬奥组委权威发布为主体，同时通过对媒体发言人及权威专家进行专访，完成对冬奥相关政策法规、资讯的权威解读与阐释。探讨公众最关心的冬奥话题，纪录发展中的冬奥之城。相比于《冬奥大家谈》的严肃，本节目在吸收《冬奥大家谈》专家阐述板块的同时避免死板，融入娱乐性、实践性活跃气氛，让受众体验到"在玩中学、在学中玩"；相对于《冬奥大家谈》中谈到的冬奥相关政策、冬奥信息资讯解读、冬奥冰雪项目阐释等多个板块来看，本节目根据节目定位（冬奥赛后衍生节目），对《冬奥大家谈》汲取相关适合本节目的精华板块：冬奥冰雪项目阐释、多专家分析掌握环球视野等。

（二）冰雪运动类娱乐节目

1.《跨界冰雪王》

《跨界冰雪王》是国内首档全景实境明星冰上真人秀。

优点：

师资团队专业化：《跨界冰雪王》由花样滑冰奥运冠军申雪、赵宏博亲自指导，国家花滑队贴身培训，为期三个月；本节目同样邀请冰雪项目冠军选手、明星讲师为小朋友们手把手教学，传达出普罗大众也能享受冰雪项目的观念，让大众与冰雪运动不再遥远。

缺点：

12期节目内容略显同质化：8位滑冰零基础的明星为助力冬奥，实现梦想，入驻魔鬼训练营；在"营长"张艺谋的带领下，由花样滑冰奥运冠军申雪、赵宏博亲自指导，国家花滑队贴身培训。在参加节目期间，明星营员们将接受冰上残酷而又充满乐趣的技巧训练，并且接受每周一次真实冰上实境表演的挑战；相较于《跨界冰雪王》明星零基础跨界学习花样滑冰，本节目零基础明星学员与有经验的明星学员甚至有证书的明星嘉宾混在一起分队伍同台竞技，更考验嘉宾间的合作能力，呈现团体协作意识；同时本节目不仅局限于花样滑冰，共计6项运动：单板滑雪、双板滑雪、短道速滑、花样滑冰、冰球、冰壶，多元化项目全方位结合冬奥推广冰雪运动。

画面呈现冗杂：受众反馈节目剪辑"花字"过多，特效音过多，略显杂乱；本节目吸取该教训，画面剪辑清晰简洁大方的同时，不失幽默娱乐的点缀。

2.《冬梦之约》第一季

《冬梦之约》第一季是北京广播电视台播出的冬奥场馆音乐真人秀节目。

优点：

节目内容突出介绍冬奥场馆的魅力：对场馆全方位地介绍，凸显场馆建设的"绿色、科技、人文"三大理念，以季播真人秀的方式首次全方位、多视角地探访、揭秘冬奥场馆的独特魅力。该节目让文化与体育相结合，用独特的节目形态和时尚的表达方式来进行冬奥场馆的宣传推广，助力实现"带动三亿人参与冰雪运动"的目标，同时结合不同冬奥场馆的故事与特点，创排出高质量舞台精品，以"真人秀＋音乐"的形式呈现出一场场精彩纷呈的冬奥场馆音乐秀；相较本节目更多回归冬奥项目本身，着重介绍推广冬奥项目、冰雪运动文化，并没有对场馆进行全方位介绍，针对每期节目带来的运动项目将对所用场馆进行穿插呈现，并不占本节目的主要篇幅。

缺点：

嘉宾体验实践项目较少：郎朗、张艺兴、肖战、蔡徐坤、陈伟霆、伊丽媛、王琳凯、宋茜等明星一人一所负责介绍一个场馆，并且明星嘉宾们是以观察者的初始身份走进场馆，去发现问题、提出问题，并且找到答案实践体验运动项目的占比不大；本节目重点突出项目本身，多位明星带队同小朋友们一起竞技，群英荟萃亲身体验冰雪运动本身。

3.《冬梦之约》第二季

《冬梦之约》第一季是北京广播电视台播出的大型冬奥运动体验真人秀

优点：

冬奥夏奥相融合共同体验冰雪项目：节目结合北京双奥之城特色，让夏奥冠军和冬奥冠军共赴冬奥冰雪项目，推广冬奥运动，发扬冬奥精神；本节目因嘉宾烘托农村小朋友们的体验为主，回归到冬季项目的教授问题则由冬奥冠军作专业教授。

节目嘉宾多元：该节目通过"专业运动员＋文艺嘉宾＋素人"的组合形式，形成多元观看视角，全方位走进冬奥会运动项目，了解冬奥冰雪项目背后的发展历程、比赛规则等；本节目同样采取"专业运动员＋文艺嘉宾＋素人"的组合形式，但以小朋友、普通大众的视角为主，明星嘉宾则起到点缀带领作用。

缺点：

节目嘉宾仍以明星为主：《冬梦之约》第二季嘉宾多以大火的男团女团等流量明星支持，素人出镜体验部分较少；而本节目邀请的偏远地区小朋友，将在明星运动员和明星嘉宾的带领下学习冰雪运动技能，体验冰雪之美，本节目将在每项运动体验结束完成公益项目，即对拍摄地农村的冰雪运动项目投入基金促进其冰雪项目的进一步发展。

十一、结语

《一起上冰雪》选择当下十分具有潜力的冰雪运动作为节目的主题，邀请冬季项目的明星运动员与当下流量明星加盟，创新了体育项目与综艺节目的融合发展模式。同时，节目录制过程中邀请偏远地区的小朋友进行录制，在节目中融合了公益的元素，不仅有力地推动冰雪运动的普及，转变现阶段大众对于冰雪运动仍是"贵族运动"的观念，也为冰雪运动的进一步宣传贡献了力量；让综艺节目不仅局限于娱乐效果，还向社会传达了积极向上的正能量。